JN269208

TREASURE YOURSELF

Power Thoughts for My Generation

MIRANDA KERR

ACKNOWLEDGEMENTS

本書は多くの方々の力によって生まれました…

ヘイハウスのみなさんには、本当にお世話になりました。心から感謝を捧げます。特にヴェルーシャ・シン、アマンダ・サンプソン、リサ・ロード、クリスティーン・ドミンゲス、ドウェイン・ラベ、レット＆レオン・ナクソンは、この本の出版のための膨大な作業を、献身的にこなしてくださいました。

またルイーズ・L・ヘイ、ディーパック・チョプラ、エックハルト・トール、グルマイ・チドヴィラサナンダ、ヨギ・バジャン、ダイサク・イケダ、その他大勢のすばらしいスピリチュアル・ティーチャーからも、貴重なご指導をいただきました。お礼申し上げます。

マリージャ・スカラ、カーリー・リオン、イアン・マスマン、ブランディ・ベネット、クリス・コールズ、長い間辛抱強くサポートしてくださって、本当にありがとう。

花のイラストを描いてくれた女性たちへ。ありがとう。あなたたちはイラストだけでなく、わたしの人生を豊かにしてくれました。

家族へ。特にパパとママと弟のマットのおかげで、愛情深くいたわり合う環境で育つことができました。家族の大切さを教えてもらって、本当に恵まれていたと思います。そして親戚のみんな。すてきな人でいてくれてありがとう。

わたしのパートナーへ。あなたの深い知恵と誠実さは、いつもインスピレーションを与えてくれます。無条件の愛で受け入れ、理解してくれてありがとう。夢のようにすてきな方法で、この人生に関わってくれてありがとう。

この本の読者全員へ…みなさんとすばらしい旅をともにできて、嬉しいです。

たくさんの愛をこめて
Miranda xxx

YOU

わたしたちの中に、力がないわけじゃなくて…
自分で想像するより、はるかに大きな力があるんです。
たいていは、自分の中のそれが見えなくて
なのに他人の中のそれは、喜んで見つけてしまう。

もしも、自分をうんと大切にした結果、
自分のすばらしさを見つけて、実感できたとしたら？
もしも、わたしたちは自分の考えに制限されているだけで
これは可能だとか、可能じゃないとか、思い込んでいるだけって
やっと気づいたとしたら？　結局それが真実なんです…
それ以上でも、以下でもなく。

思考がわたしたちの体験を決めています。
自分の体験だけじゃなく、世界や、いろんな人の体験を…。

どんなときも、自分の人生やあり方を変えることはできるのに、
その選択肢に気づけない…そんなことばかり。

自分はどんな人間になれるだろう、という可能性より、いつのまにか
こういう人間だ、こうあるべきだ、という考えに追いつめられてばかり…。

ときには怒り、恨み、ねたみ、恩を忘れることを選んでしまうし。
本当なら今あるすべてを受け入れ、許し、感謝することも選べるのに…。

勇気を持って積極的に(あとハートには善意を忘れず)、
世界を冒険していくことを選びましょう。そして、
まさにそうやって生きている人たちを、認めてあげましょう。
彼らはみごとに乗り越えたんだから…まだ多くが乗り越えられない、
「本当の自分」を知ることへの怖れを。

未来に目を向けて、どんな人生にしていけるか夢みましょう…
あなたを制限するのは自分の考えだけ。これを忘れずに。

あなたの考えを変えるパワーは、あなただけが持っています。
思考を変えれば、世界が変わるんです。

——ミランダ・カー

~~~~~~~

世界中の、個性的で才能あふれる
すてきな若い女性たちに捧げます。
この本と自己発見の旅を通じて、
みなさんが本当はどんなにすばらしい存在か、
ぜひ気づいてもらえますように。

Contents

Introduction X
はじめに

Life Lessons 1
人生のレッスン

Step Out With Confidence 17
自信を持って踏み出そう

Red for Passion 27
情熱の赤…

Mirror, Mirror, on the Wall… 33
鏡よ鏡、鏡さん…

You Are What You Eat… and more! 45
あなたを創るのは食べ物と…他にもいろいろ！

It's All About You… 51
とにかく大事なのはあなたです…

The Green-eyed Monster 57
緑の目をしたモンスター

Relationships Are Your Strengths… 63
人間関係はあなたの強みです…

It's Like Magic… 71
それは魔法のように…

Don't Forget to Say 'Thank You'… 77
「ありがとう」を忘れずに……

The Glass is Always Half Full 83
グラスにはいつも半分入っています

Dream Your Way to Success… 91
成功への夢を描きましょう

Affirmations I Love 111
大好きなアファメーションたち

それは花々が咲きそめる早春の頃。ひとりの女の子が庭をのんびり歩いていたら、木の枝から繭がぶらさがっていました。どうやら、そろそろ蝶が出てくる頃合いです。「これは面白そう」。それから毎日、女の子は繭の様子を見にいきました。どんなことが起きるのか、絶対に見逃したくなかったのです。

　ある日、繭にかすかな裂け目ができていました。のぞきこんでみると、蝶は「早く自由になりたい、新しい世界に出ていきたい」と必死にもがいています。女の子は夢中でそれを見守りました。でも蝶はなかなか出てきません。やがて、動きを止めてしまいました。あらんかぎりの力でがんばってみたけれど、「もうこれ以上は無理」とあきらめたように見えます。

　そこで女の子は決心しました。その邪魔っけな繭を、ちょっとずつはがしていったのです。ついに蝶が全身を現しました。「すごい、こんどこそ羽を広げるのね」。でも女の子のワクワクは、ガッカリに変わってしまいました。だって蝶は、あいかわらず動けないまま…。

　やっとそのとき、女の子には事の次第がわかってきました。蝶がちゃんと飛べるようになるには、ああやって必死にもがくことが必要だった。本当は、繭から逃げ出そうとしていたんじゃなく…あれが、自然の神秘によって羽を強くする方法だったのです。「そうか、あの蝶はきっと、一緒にがんばってくれた繭に感謝するはずだったのね」と女の子は思いました。

――作者不詳

大自然と、そこに暮らす生き物たちがどうやって風雨に耐えるのか、そういう話を聞くたびに、自分を取り巻くすべてに感謝しなきゃ、と思います。今あるものすべて、これから開けてくる未来のすべてに「ありがたい！」という気持ちになります。特にこのストーリーはお気に入り。特別な意味があるんです。

　ときにはわたしも、この女の子みたいになります。やたらに興奮して、せっかちに飛び込んで、自分や人の問題を今すぐ解決しようって。物事が自然に進んでいくのを待てないんですね。でもふだんは、蝶のほうになろうと心がけてます。落ち着いて、勇気を持って人生のチャレンジに立ち向かっていく。そして、そのぶん自分が強くなるように。

　わたしの人生の流れにも、いくつかの岩が投げ込まれました。そのたびに強くなり、自信がつき、前へ進む決意を固めることができたんです。どんなチャレンジも障害も…道をふさぐどんな岩も…"わたし"という人間を創る助けになってくれた、そう気づくようになりました。

　こういう考え方によって、逆境も受け入れることができたし、むしろ成長のチャンスとして、歓迎できるようにもなりました。わたしたちはみんな、このお話の蝶。すばらしい個性と才能を持って繭から出てくる存在です。それぞれの旅は他のだれとも違う、唯一のもの。羽の色は違っても、みんな同じゴールを、広い世界に飛び立つことを目指している。なんの障害物もなければ、個人として成長することはないでしょう。チャレンジがわたしたちを強くしてくれると思います。

　わたしはポジティブ思考のパワーを"本気で"信じてます！　ひとりひとりに無限の可能性があるんです。だから目の前に現れる障害物を受け入れて、そこから学んでいけば、みんな能力を最大限に発揮していけるはず。この本にはわたしの個人的な体験や、尊敬する方々から

少しずつ受けとった知恵を集めました。これまでに学んだレッスンのいわばコンピレーションです。

　読んでいただけばわかりますが、女性／女の子の個性をいろんな種類の花のようにイメージしています。たとえばバラはユリとは違うけど、とびっきり魅力的ですよね。同じようにフランジパーヌ（インドソケイ）だって、蘭に負けず劣らず個性的で美しい。

　長年、わたしはたくさんのすばらしい女性たちの恩恵を受けてきました。うちの母、おばあちゃま、おばさんたち、ミドルブルック夫人、友だち、仕事仲間……それぞれ欠かせない役割を果たし、わたしの人間を磨いたり、人生を面白くしてくれたんです。ものすごく個性的で、すてきな人たち。本当に花みたい…。本当にスペシャルな彼女たちへの感謝のしるしに、ひとりひとり好きな花を描いてもらいました。

　描いてもらった絵やイラストは、この本のすべての章に添えてあります。どうか読者のみなさんも、それぞれの個性と愛を味わってあげてください。これは彼女たちの一部を、みなさんとも分かち合うチャンス。わたしの旅の道連れとして、人生にとてもポジティブな貢献をしてくれた大好きな人たちに、ほんのお礼の気持ちです。

　自分の夢を心から受け入れて、望む人生を創っていくとき、なにも妨げるものはない。わたしは本当にそう信じています。考え方を変えるだけでいいんです。「ひとつひとつの思考がわたしの未来を創ります」というルイーズ・L・ヘイの言葉が大好き。

　ポジティブな気持ちを保つこと、人生に「イエス！」ということは本当に大事。そんなポジティブな感覚を得るために、アファメーションを活用しています。実際いろんな言葉や格言に励まされ、夢を追いかける力、目標を達成する力をもらってきたんです。毎朝、毎晩（あと日中も何回

でも）唱えていけば、パワー思考はきっと役に立つでしょう。

　わたしのインスピレーションを分かち合っていければ嬉しいです…みなさんも自分を大切にして、自分を信じ、能力を信じ、ありのままに受け入れて、貴重な個性を見つけられるように。だれにでも羽はあるんです。でも、飛び立つ勇気を出せるかどうかは自分しだい。ご紹介する言葉やアファメーションがあなたにパワーを与え、厳しいときも夢に向かって手を伸ばす助けになることを願います。行動すれば、なんだって可能になりますから。

　ときにはチャレンジや苦労こそ、まさに自分にとって必要なもの…

　どうかあなたが、ひとつひとつの努力と苦労とチャレンジを歓迎して、すべての恵みに感謝できますように…そして、羽を広げて飛べますように！

── ミランダ・カー

belinda   *hannah*   *maja*

life lessons...
人生のレッスン

これまでの人生について、
すこしお話しましょうね。
今のわたしができるまでのストーリー。

miranda

　故郷はオーストラリア、ニューサウスウェールズ州ガネーダ。絵に描いたような小さな田舎町でした。町中みんなが顔見知りで、おたがいのことを本当に親身に思っていて。立派なデパートもショッピングモールもないけれど、豊かな緑と広大な平原に囲まれた、かわいらしい町。

　そこで両親と、優しくてすてきな弟のマシューと暮らしていました。祖父母やいとこ、叔父さんや叔母さんもいつも身近にいて、恵まれた子供時代だったと思います。わたしを無条件に愛し、理解し、受け入れてくれた人たち。特に両親は人生について大切なことをたくさん教えてくれた。彼らのサポートがなければ、とても今のわたしはいなかったでしょう。

　あの頃は毎日が、楽しいことやワクワクする冒険の連続でした。わたしの家は町中にあったのだけど、いつも放課後はおばあちゃまが弟

treasure yourself

とわたしを迎えにきてくれて、広い農場でいとこたちや近所の子供と遊んでました。バイクや馬に乗ったり、古い車で牧草地をドライブしたり、隠れ家みたいな小屋を作って、おしゃれごっこや木登りをして…すごくいい思い出。

　小さい頃からスポーツが好きで、バスケやネットボールから体操までいろいろトライ。すこし大きくなってからはタッチフットボールもやりました。友だちともずいぶん長い時間を一緒に過ごして、歌をうたったり絵を描いたりダンスしたり。うちでお泊まり会をするのも楽しかった。

　そんなとき、驚くような展開が訪れました。1997年の『Dolly』誌のカバーガール・コンテストに、友だちがこっそりわたしを応募させていたんです。モデル人生の始まりでした。まさか優勝するとは！夢を見ているようでした。それからまもなく家族でブリスベーンに引っ越して、わたしはそこのハイスクールに編入。本当は、都会に移るのは気が進みませんでした。だって心はカントリーガールだから。ガネーダを離れたくなくて、なにより友だちと別れるのがいやだった。それは大きな変化でした。でも幸い、新しい学校では初日からすごくいい子たちに歓迎されて、その中から一生の友だちもできたんです。なにもかも順調に思えたある日、大変なことが起きてしまいました。わたしの人生を永遠に変えてしまうような…。

障害を乗り越えて…

　きっとみなさんにも、人生観が変わってしまうような体験があると思います。ここで、わたしの身に起きたとても重要な出来事をシェアさせてください。当時の自分にとって、まさに人生最大の試練でした。

life lessons...

　あれはガネーダからブリスベーンに引っ越したばかりの頃。2年前から付き合っていたクリスという初恋のボーイフレンドが、交通事故で突然この世を去ってしまったんです。世界が崩れ落ちたようでした。ふたりともまだ若かったけれど、「この先ずっと一緒に生きていこうね」と夢を語り合っていたのに。わたしは悲しみに打ちひしがれ、まるでブラックホールに落ちてしまったような気分でした。這い上がるのに、どれほど時間がかかったことか。16歳のわたしには、生きていればまた良いことがあるとか、それまでのキラキラした気持ちがまた戻ってくるなんて、とても想像できなかった。ハートが胸からえぐり取られたみたいに、絶望していたんです。

　それでも、ガネーダの豊かな自然に抱かれて育ったわたしは、幼い頃から知っていたんですね。夏から秋へ、冬から春へ、すべては移り変わるもの。人生にはリズムがあって、つらくても変化は避けられないって。家族や友だちのやさしさや理解にも支えられ、ゆっくり時間をかけて心を癒すことができました。

　クリスの死が教えてくれたこと…すこしでも大切な時間をともにした人は、ずっといつまでもそばにいる。彼を失ったことばかりくよくよと嘆くかわりに、彼とすごせた時間に感謝することもできる。そして気がついたんです。「人生はこんなにもろいからこそ、みんな本気で生きて、一瞬一瞬をありがたく思わなきゃ」「自分の苦しみを本当に癒せるのは、自分だけなんだ」って。"感謝する心"、"受け入れる心"のパワーのおかげで、わたしはまた前進できたと思います。

　今では「人生のプロセスを信頼しよう」と自分に言い聞かせてます。真っ暗闇にいるみたいなときでも、そこにはちゃんと光と可能性がある、そのことを思い出すため。あれ以来もう、家族や友だちがいてあ

たりまえ、自分が生きていてあたりまえ、なんて思わなくなりました。毎日ポジティブに生きて、どんな道が待っていようと自分なりにベストを尽くしていくつもり。

夢を追いかけて…

　12年生［注：日本で言えば小中高の12年］を卒業したあと、シドニーに引っ越してモデルの仕事を本格的にスタート。ひとり立ちは早かったですね。両親はいつでもバックアップしてくれるつもりだったけど、基本的にはシドニー以降、経済的に自立してなんでも自分で責任を持つようになりました。といっても、もちろんモデル業は新人には厳しい世界。すでにDolly誌で成功していたわたしでも、他の子たちと同じようにあちこちで断られて、きつかった。でも仕事が取れなくてがっくりきたときは、かならずルイーズ・L・ヘイの本で読んだアファメーション［注：肯定的宣言文］を思い出して、「いつも愛を忘れず、人生の流れに自由に乗っていきます」「人生はわたしをサポートしてくれます」と唱えたりしてました。長年、本当にお世話になった言葉たちです。

　ありがたいことに、自活できるくらいの仕事はコンスタントに確保できていたし、ときには海外の仕事もありました。そんな仕事で日本に行ったときのこと。先方の会社の人たちが、わたしの肌はイメージより日焼けしすぎじゃないか、と心配していたんです。そこで気づきました。「この先モデルの世界で成功したいなら、外見が理由で断られることには慣れなきゃいけないな」って。「わたしには問題があってダメなんだ」と心にダメージを受けてしまうのか、それとも「たま

life lessons...

たまこのキャンペーンや撮影の目的には合わなかったのね」と受け入れるかは、自分しだいだから。この体験があって本当に助かりました。「どんなときもすべての人を喜ばせることはできない。だったらとにかく自分に正直でいよう、信念は曲げないようにしよう」と決心できたので。そう思うようになってから、また新しい面白そうなチャンスがたくさん舞い込んで、世界が広がってきたんです。

地に足をつけて…

　ちっぽけな田舎町の出身で、自然をとても身近に感じてきたおかげで、いわゆる"グラウンディング"はしやすいんです。そもそもモデルで生計を立てるなんて想像もできなかった、当時のわたし。最初の何年かは、仕事をしながらも「これでいいのかな」と不安で、心理学や栄養学の勉強を。おかげで心と身体の健康について、自分なりの考え方ができるようになりました。これは今の自分にとって本当に大切。地に足をつけ、ヘルシーでバランスのとれた生活をする助けになっています。

先へ進む…

　わたしは本来、冒険好きで意欲的。オーストラリアではお目にかからないような、もっと大きなチャレンジがほしくて、ちょうどチャンスがやってきた2005年、22歳でニューヨークに引っ越しました。いろんな意味でわたしを変えた転機です。さらに自分の知らない面を発見することになったというか、もうそれこそ、終わりのない旅の始まり。

ニューヨークは大都会。最初は他のモデルたちと一緒に暮らしました。それがいちばん安全だと思って。でもしばらくすると、やっぱりわたしには自由とスペースが必要だとわかったので、部屋を借りました。そして、最近マンハッタンにアパートを購入。わが家があるっていうのは本当にうれしいですね。ひとりになって心安らかに、自分のバッテリーを充電できる聖域みたいなもの。

　地に足をつけて、身体も心もちゃんと面倒をみてあげることが、わたしには本当に大切。仕事が忙しいので、瞑想やチャンティングやヨガでバランスを保とうとしているんです。バランスという意味では、友だちと一緒にすごす時間も絶対に必要。いつも愛とサポートをくれる彼らには心から感謝しています。友だちや家族、それにわたしの可愛いヨークシャーテリアのフランキーと、街をぶらぶらするのが大好き。

　それから、新しい出会いも貴重です。いろんな人を知ることで、人生観を豊かに広げていける。「どこに行っても愛を体験します」というアファメーションが、本当に元気づけてくれるんです。いつもバランスのいい生活をして、できるだけ"今"という瞬間を生きて、どんなときも生きることを楽しみ、世界に少しでもポジティブな影響を与えていこう。そんな気持ちにさせてくれます。

世界にはチャンスがいっぱい…

　わたしはなにか世界に役立つような、ポジティブなことをするチャンスを与えられているんだと思います。愛とサポートをたっぷりもらったすばらしい子供時代といい、いろんな意味で恵まれた人生。それでもやっぱり人並みにつらい試練や、心の強さと決意を試されるような

life lessons...

体験をしています。逆にそんな暗い時期がなければ、今のわたしはいなかった。

　成功すると、いつのまにか、自分でも思ってもいなかったような人間になってしまうことがあるんです。だからこそ、ときどき時間をとって考えてみることが大事。自分が今していることと、それをしている理由について。チャレンジに直面すると、家族とか友だちとか、いちばん大切なものを思い出しますね。むずかしい決断をしなきゃいけないときは、心の中の静かなスペースに入ります。蝶のお話に出てきた女の子みたいにすぐ繭を破かないで、なにが重要か、なんのために生きているのか、じっくり考えていきます。

　結局は"感謝"の気持ちがキーポイントだな、としみじみ思います。成功するためにも、人生全般にも。だからいつも気をつけているんです。自分の持っているものを当然のように扱わないこと。もらったチャンスには深く感謝すること。そして、この本を通してみなさんとお話できることにも感謝…ほんの少しでも、それぞれの人生に与えられるものがありますように。

自分を愛する…

　オスカー・ワイルドのこんな言葉があります。「自分自身を愛するのは、生涯つづくロマンスの始まりだ」。自分を愛し、大切にすることが幸せの秘訣。それはひとりの人間として、自分をいとおしむこと。ありのままに受け入れ、尊重すること。

　実はわたし自身、この部分では苦労してきました。自分を愛する気持ちって「わたしはこれでオーケー／大丈夫」と思えたとき生まれる

んです。「この才能や資質は、特別で個性的で価値がある」と思えたときに。だから与えられたすべてに感謝して、ありのままの自分を受け入れて、自分にやさしくなりましょう。あなたが自分の中に見ている、その同じものが周囲のみんなの中に見えてきます。それはまるで鏡のように。

　わたしの目に映る人間は、みんな平等。だれかが他よりスペシャルだということはありません。人を心から愛するには、まず自分を愛し、受け入れること。そうでないと、一生、「もっとあんな人間だったら良かったのに」なんて思いつづけるはめになってしまいます。せっかく世界のために役立てられるものがあるのに、本当の自分を認めてあげないのはもったいない。人はみんな違ってあたりまえだし、それぞれが特別。「だから自分も本当に個性的でかけがえのない存在なんだ」と思えれば、そんな自分を心から受けとめていけますよね。すると、宇宙のマジックがわたしたちの内側から輝きを発します。いつのまにか自然に、喜びや熱意や幸福感がまわりの人たちにも伝わるんです。

　大切な気づきはいろいろあったけれど、なかでもこれは最重要…。どんな状況でも、自分の生き方は選べます！　たとえば朝起きた瞬間、どんな気分になりたいか選べばいい。「今日もだいたい昨日とおんなじだろうな。もうちょっと寝られたらいいのに」なのか、「今日はすてきな日になりそう。きっとワクワクする新しい体験がいっぱい」なのか。どういう気分ですごすかを意識的に選べることがわかれば、無限の可能性が広がります。熱く生きるあなたには、いろんな人が思わず引き寄せられるでしょう。

life lessons...

チャレンジを受けとめる…

　今の世の中、けっこう強烈ですよね。たえず情報や騒音に爆撃されてる感じ。繁華街の雑踏に踏みつぶされそうになったり、パソコンの前で数えきれないほどのメッセージや意見に攻めたてられたり。一日をなんとか切り抜けるので精一杯だと、忘れがちになります。…そんなノイズをすべて遮断して、心の声だけに耳を澄ますことを。でもそうすれば、自分がどういう存在で、どんな人生にしたいのか、強くてクリアな意志が保てるんです。

　この地球という名前のすばらしい庭園に、わたしたちみんなが全部違う花として咲いている…。そんなふうに考えるのが好き。まったく同じ花は存在しないし、だれもそれを望まない。みんなに居場所があって、ヒナギクはヒマワリに負けないくらい美しい。人によってチャレンジに立ち向かうやり方は違うし、生き抜く力もそれぞれです。その力を見つけるには、自分をよく知ること。そして何をするときも、まず自分の心に聞いてみること。この２点がわたしからのアドバイス。どんな選択肢があるのか、どう行動すればどんな結果を招くか、考えましょう。いつもベストを尽くし、その瞬間の自分にフォーカスしながら。

　チャレンジを乗り切るには、マインドとハートを開いて真正面から向かっていく。わたしはそれが、唯一の方法だと思ってます。この本の最初に出てきた蝶のように、すべてのチャレンジは自分を強くするために人生が与えてくれるもの。チャレンジを歓迎すれば、成長と可能性の扉を開くことができます。ときには巨大な障害物が目の前にそそり立っても、なんとかてっぺんまでよじ登り、反対側に降りられたら、

きっとすばらしい達成感が湧いてくる。「こんなことができた」という実感とともに、あなた自身の力がまざまざと反映されて見えるんです。流れの中に危ない岩礁があっても、ポジティブな気持ちで見れば、思ったほどむずかしい状況ではなかったり。むしろボートを漕ぐ手を休めて一息つける場所、まわりをよく見て判断するチャンスになるのかも。試練のときこそ心の奥に意識をむけて、直感に耳を澄ますことが大切です。

「最悪だ」と思うようなとき、物事が計画どおり進んでない感じのときも、どうか落ち込まないで。こんな言葉で一日をスタートしましょう。「生きてるってすごい！ なんてすてきな気持ち！ 今日もちゃんと目覚めて、元気で、とってもうれしい！」。身体の細胞ひとつひとつが、健康と愛とバイタリティにあふれているのをイメージします。

成長と変化…

　苦しいときには、いつも思い出すようにしています。「これが終われば、きっとなにかが生まれる」って。 人生をひっくり返すようなチャレンジでも、行きたい方向の邪魔というくらいのシンプルな出来事でも。山火事のあと、また再生する森のように、かならず次の展開が待っています。人生はめぐるサイクル。いちばんきつい試練のときも、やがては過ぎ去る。ちゃんと新しい冒険が始まるんです。

　そういう"変化"では、まあ第一段階がいちばん厳しいもの。たいていは予想もしてなかった事態ですからね。自分の足元がグズグズになってしまう。わたしはそういうとき、すぐに気分転換はしないんです。無理するとかえって心が乱れてしまう。なるべく心地良いものばかりで、

life lessons...

　繭のように自分を包んであげます。そして出てくる感情にできるだけ寄り添い、受け入れていく。でもくよくよ悩むとか、みじめな気分に浸るわけじゃなく…ただ自分の本当の気持ちを、ちゃんと認めてあげる時間をとるだけ。

　トラブルにあって疑いの気持ちでいっぱいになったら…。まずは自分の胸に湧きあがる"強さ"に感謝しますね。なにもかも自分の思いどおりに進まないときは…。なるべく平静を保って、そんな体験にも感謝の心を持とう、と少しがんばります。出てくる感情は押しのけないで、きちんと味わってあげる。そのほうが早く、いやな感じが過ぎ去ります。感情をしっかりと味わえば、緊張に押しつぶされることもない。自分の中にある深い知恵が、言葉と行動を導いてくれるんです。

　自分の気持ちを受け入れてしまえば、次はイマジネーションを使う段階。この先どんなふうになったらいいか、考えるときです。チャレンジを前にして「これをうまく乗り越えたらどんな感じだろう」と五感すべてで想像しましょう。それはどんな味？　どんな匂い？　どんな音？　どんな光景？　やりとげた自分の姿を、色や形や感触まではっきり思い浮かべて。イマジネーションこそすべての出発点。あなたの現実は、まずひとつの"思い"が生まれないと始まりません。あとこれは、古い皮を脱ぎ捨てながら「なりたい自分」にフォーカスしていく段階でもありますね。そのチャレンジに合わせて、新しいスキルを覚えたくなったり。とにかく自信をつけよう、初めてのことに挑戦してみようと思ったり…。ざっとこんな感じでわたしは対処してます。むずかしい状況や、避けられない変化のときはどうぞ参考に。

treasure yourself

飛び立つ準備…

　自分はどうしたいのか、気持ちがはっきりしてくると、"変容"が起きます。パワーがみなぎり、背中に羽が生えてきて「そろそろ飛べそう」って感じ。
「夢見がちな人」と実際に「夢を生きる人」の違いは"行動"のあるなし。はじめの一歩を踏み出すのは怖いかもしれません。失敗するかも、と思うから。でもわたしは、失敗は勉強だと思ってます。成功するために必要な知識をくれるんです。
　なにかを達成しようとして、途中でつまずくこともあっていい。すべては大切な学びのプロセスだから。また立ち上がってトライしましょう。ヘンリー・フォードも言っています。「できると思う者も、できないと思う者も、たいてい正しい」。
　そうやって必死にがんばったあと、次のステップは飛び立つ準備。くしゃくしゃの濡れた羽もすっかり乾きました。さあ羽を広げて、実現しましょう！　成功を心ゆくまで楽しんで。そうすればまた別のチャレンジに出会ったとき、この瞬間を思い出せますね。やりとげたときの気分を。

内なるガイダンス…

　チャレンジに直面したとき、自分の心の内に導きを求めるだけじゃなく、外側も愛とサポートをくれる人たちに囲んでもらいます。もともと独立心が強くて、しかも一人旅ばかりしてきたわたし。「他の人が自分のためにいてくれる？　そんなことが可能なの？」と、なかな

life lessons...

か受け入れられなかったんです。でもいろんな苦労をして、家族や友だちに支えられて、わかりました。「ひとりでいなくてもいいんだ」って。良いときも、悪いときも、家族はわたしの味方です。ほかにも友だちや同僚や先生や、いろんな人が喜んで助けてくれる。自分が頼みさえすればいい。そう受け入れると、本当にありがたいですね。

　わたしにとって最大の試練は、けっこう撮影中に起きてます。いくつになっても、かならず同年代の仲間からのプレッシャーがあるんです。思い出すのはグループで撮影していて、フォトグラファーがみんなに「ちょっとワイルドにやろうよ」なんて煽りはじめたときのこと。ショックでした。だって他のモデルたちは彼にアピールしたい気まんまん。「ほら、こんなにセクシーになれるわよ」って感じでエスカレートしていったから。

　そのうちおたがいに食べ物を投げつけて、それを身体中に塗りたくって、服を脱ぎはじめて…。はっと思い出したんです。「わたしの人生はわたしのもの。こうしろとか、こうしちゃだめとか、自分の行動をだれにも命令させちゃいけない」。

　プレッシャーを感じたら、一歩下がって深呼吸して、しっかり考えることが大事。今どんなオプションがあるか、その状況で自分はどんな気持ちになってるか。「これが本当のわたし？　自分にとって大切なものに反してない？」と自問してみる。他の人がどう思おうと関係ない。自分のことをどう思えるか、それだけが重要です。そのときのわたしは「みんなのようなドタバタ騒ぎには参加しなくていいんだ」とわかりましたね。プレッシャーはあったけど。

　一歩下がってみたら、"今"という瞬間をきちんと把握できて、正しい行動が選べたわけです。自分のパワーを知っていて、自分の意見が

あって、心の声が聞ければ、当然あなたの決断は正しいもの。どんな状況・場所・人についても考え方、感じ方は自分で決めてください。

Getting Personal：自分自身に聞いてみましょう…

── あなたにとって大きなチャレンジはなんでしたか？
── どんなふうに対処した？
── そのとき、だれが力になってくれた？
── 今なら、どう対処する？

annette   *shonagh*   *gabby*

step out with confidence...

自信を持って踏み出そう

annie

　自信を持つにはどうすればいいでしょう？　大切な鍵のひとつは、自分自身を受け入れ、愛してあげること。つまり、自然体でリラックスできることが必要なんです。自分を「そのまま受け入れられるか」、そして「無条件に愛せるか」…このふたつは切り離せません。自分という人間がよくわかってくれば、人にも思いやりが持てて、そこから愛が流れ出します。自分のことを受け入れて、ちゃんと価値を認めてあげれば、どんな状況にも堂々とカッコ良く礼儀正しく対応できるはず。

　わたしもこの『自信』っていうものに、すごく苦労させられました。たとえばモデルを始めたばかりの頃、撮影現場の人たち（メイクさんやフォトグラファーなど）がいろんな言葉でほめてくれる。それを「どうせ、わたしを気分よくさせたいだけでしょ。心にもないお世辞ばっかり」なんて本気で思ってたんです。自分をありのままに受け入れてなかった証拠。今ならわかります。どんなほめ言葉も、"うれしい贈り物"

として心から受けとめるべきだって。

　ときには、自分ではわからない内面や外面の美しさが、他の人にはよく見えてたりするんです。

本物のあなた…

　今の世の中、あくまでも"自分らしさ"をつらぬこうとするのは、けっこう難しい。「自分という人間を厳密にどう定義するか」、これがとても重要になってきています。フェイスブックとかマイスペースとか、「わたしはこういう人です」って発信する機会をくれる『ソーシャルメディア』も、ずいぶん普及してますよね。そこに表示できる情報量は、ほとんど無制限。わたしたちが今、自分の"イメージ"というものにどれだけ価値を置いているかが、よくわかります。でもそこには、社会的に「受け入れてもらおう」「溶け込もう」とするあまり、自分を見失ってしまう危険もあるんです。気をつけていないと、世間の期待に合わせすぎて、本来の自分を犠牲にするのはとても簡単だから。

　わたしの知り合いで、純粋に自分らしく生きていて、今の生活に満足してる人たちには共通点があります。自分の強さも弱さも知ったうえで、両方とも受け入れてるんです。本物のあなたは、世間から見て絵に描いたように完璧じゃなくてもいい。とにかく"リアル"で"本物"の"自分"を忠実に生きてるかどうか、そこがなによりも大切。

自信は魅力…

　モデル業は厳しい世界だから、「自信があればどうにかなる」なん

て簡単には言えません。でも、自信があって健康的な生活をしてる女の子たちのほうが、そうでない子たちよりずっと楽しそうなのは確か。自分にも、まわりにも、正直に生きてる人にはとても心惹かれます。男女を問わず、ありのままの自分に自信があって、それでも本当に自然体で、謙虚で、現実的な人ってものすごく魅力的。自分のことがよくわかってて、外見と中身が一致してる…そんな"リアル"な自分でいるのがいちばんです。

　自分自身と、自分の能力を信じるようになれば、だれかに拒絶されても挫けずに進んでいける。だって、「それでも"わたし"は変わらないし、この世界のために"できること"も変わらない」って思えるから。

　あなたの行動や表現が、いつだってすべての人に受け入れられるわけではありません。そういう外からの拒絶にどう反応するかで、自信の有無がわかるんです。もうひとつ覚えておきたいのは、他のだれかにとって気に入らないあなたの一部が、もしかしたらだれとも違う個性になるかもしれないってこと。あなたにとっては大切な価値を持つかもしれません！　だからいつも思い出すようにしてるんです。「断られるのは、むしろありがたいことかもしれない」、「きっと宇宙はもっと良いものを用意してくれてるのよ」って。それも自分の運命を実現していくための、ただのワンステップと考えればいい。

もっとスマイル…

　本物の笑顔は、どんな服や表情よりも自信に満ちて魅力的。心からの笑顔ほど美しいものはありません。幸せそうで自信にあふれた人はカリスマ性があって、もちろん一緒にいて楽しいし、たいていまわ

りの気持ちを惹きつけます。笑顔は心のあたたかさを伝えてくれる。にっこり笑えば「わたしは自信があるわ。世界にたくさん与えたいのよ」と言っているのと同じです。

どんな出来事にも理由がある…

　わたしは「人生で起きるどんなことにも、かならず理由がある」と本気で信じています。ひとつひとつの瞬間を大切に、ベストを尽くして生きれば、自分にふさわしい道がきっと開けていくと思うんです。
　ポジティブなアファメーションを唱えるようになってから、変化を受け入れたり、自信喪失を乗り越えたり、が楽になった気がします。たまに疑問や迷いが出てくるのも、いい"目覚まし"というか「いったいこれはどういうこと？　何が起きてるの？」って注意深く考えてみるチャンス。じっくりと心の奥を探っていけば、自分の本音がわかってきて助けになるかもしれません。人生にはチャレンジや障害や、完璧とはいえない状況がつきものだけど、一歩ずつ着実に取り組んでいけば、それだけ強くなれるし、自分の能力にも自信がついてくる。
　実はわたし、ハイスクールの一時期、同じ学年のある女の子にいじめられてたんです。いつも誰かをいじめの標的にしてる子で、わたしにも順番がめぐってきて。もう怖くてたまらなかったのを覚えています。学校に行くのもイヤだった。そしてとうとう「絶対に行きたくない」って思うようになったとき、親にこんこんと諭されたんです。「自分にとって正しいことなら、ちゃんと主張しなさい」、「けんか腰じゃなく正直に意見を言えばいい」、そして「その子がまわりにどう思われてるか、みんなをどれだけ辛い気持ちにさせてるか、ちゃんと教えてあげなさ

step out with confidence...

い」って。
　翌日、学校に行くと、やっぱり彼女が意地悪なことを言ってきました。わたしは体格もずっと小さいし、とっても怖かったけど、思ってることをはっきり言ってみました。他の誰も勇気を出して言えなかった、言おうとしなかったことを告げたんです。「みんながあなたと付き合ってるのはただ怖いからで、本当の友だちじゃないのよ」、「あなたが友だちだと思っている子たちは、にらまれるのがイヤだから"ふり"をしているだけなのよ」って。彼女は傷ついた様子で、泣きだしてしまった。でも、わたしは傷つけるつもりじゃなくて、ただ真実を伝えたかったの。とても無理だと思ってたけど、そうやって自分とみんなのために立ち上がることができたんです。今思うとちょっと感心してしまうのは、あとから「彼女とのことは理由があって起きたんだ、自分が強くなるためだった」と結論づけたこと。それに思いきって意見を言ったことが、結果的に彼女のためにもなったみたい。もう人をいじめるのはやめて、「自分を本当に好きになってくれる本物の友だちを持つ」ってどんな気持ちか、わかるようになったから。その彼女とは今も友人。一緒に体験したあの出来事には感謝しています。
　「自分をよく知る」。そして「自分の気持ちと直感を信頼する」。このふたつによって、人生はもっと大きな可能性を持つようになるし、目標にどんどん近づいていけるでしょう。本能的な"カン"は信じたほうがいいみたい。結局、自分にとって何がベストかは、自分にしかわからないんです。

treasure yourself

欲しいものは求めよう…

「波風を立てるより、おとなしくしていたほうがいい」と教えられて、そう思い込んでる人もいますよね。でもわたしに言わせれば、黙って他人の都合にあわせるなんて、絶対に損です。結局、自分の願望を抑えてしまうはめになる。もちろん、だれでも人の意見を気にすることはあるでしょう…特に大切な相手の意見は。愛する人に「ノー」って言わなきゃならないとすごいストレスだし、何か言おうとしてもだれかに先を越されたり、言葉をさえぎられたりすると、黙ってしまうこともある。でもやっぱり、自分をじゅうぶん大切に思うからこそ、自分にとって正しい考えや、ほしいものはきちんと主張できるようになるのが大事。そうでないと、永遠におあずけのままだもの！

自己主張をしよう…

「こんなガラじゃないんだけど」って落ち着かない気分で、それでも正しいと思ったとおり行動する。…そんなとき、きちんと主張できる能力があれば、プレッシャーに耐えることができます。ただし積極的な"自己主張"と、けんか腰で攻撃するのは別。はたから見れば「黙って従え」みたいに強引な態度なのに、本人はただ意見を主張しているつもり、なんて場面をずいぶん見てきました。"自己主張"って、いつも言い分を通すことじゃないんです。ただ考えや信念や意見を、正直に思いやりをもって伝えること。なんでもバランスが大事です。あまりにも受け身で、だまされたり利用されたりするのはまずいけれど、逆にあまりにも攻撃的だったり、恨みがましい態度をとるのも自分の

step out with confidence...

ためにならない。周囲に対してどうふるまっているか、ふだんから注意していれば、意識して気持ちをおだやかに表現していけます。

　自信喪失、となるとまた話が違ってきます。これはネガティブな考えのせいで、前へ進むことも、人生を楽しむこともできなくなっている状態。自分の足をひっぱるような間違った思い込みが、態度や行動に出てしまうかもしれません。なりふり構わず自分を売り込んだり、自己防衛の殻にこもったり、あるいは人との会話やかかわり自体を避けるようになったり。そんなときこそ、ポジティブなアファメーションを使って暗い考えを追っ払いましょう。わたしはよく心の中でこう唱えます。「今日もすっきり、元気いっぱい」、「ネガティブな思いは解放しよう。わたしは安全」。

　自信はひとりひとりの最大の財産。これがあればどんな状況にも立ち向かえる。そして「自分の能力と可能性を信じる」ことは同時に、「もし独りでは手に負えない状況になったら、他のだれかに情報やヘルプを求める方法も知っている。確保できる」っていう意味でもあるんです。

楽しく生きよう…

　わたしたちはこの人生と、いろんな体験を楽しむために生まれてきました。間違うことも、恥をかくことも、人生のうち。初めて海外のファッションショーに出るようになったとき、ミラノのショーで3サイズも大きい靴を与えられたんです。気がついて衣装係に言ったら、「もうすぐ本番だから」ってティッシュペーパーをたくさんくれただけ。わたしは必死で靴のつま先にティッシュを詰め込んで、「なんとか切

り抜けられますように」と願うばかりでした。そしてランウェイの端までは無事に歩けて、くるっと方向転換したとたん…左の靴がすぽっと抜けて、客席に飛んでいってしまった!! もう笑えばいいのか泣けばいいのか、「やっぱりスマイルよね」と覚悟して歩きつづけました…片足だけ靴をはいて、片足はつま先立ちで! その瞬間、「もうこの状況をおもしろがってしまおう」と決めたんです。たぶん、お客さんたちもそうしたみたい。

　みんな、どんな場面にも、どう反応するかを選ぶ力があります。そういうときユーモアを見つける能力が、反応のクオリティを左右するかもしれません。

Getting Personal： 得意なことはなんですか？

　——いちばん多く浮かんでくるネガティブな考えは？
　——それを逆手にとって、ポジティブな考えに変えられる？
　——自分のことをどう思ってますか？
　——自分をバカみたいに感じた、恥ずかしい出来事を覚えてる？
　——そのとき、どんなふうに反応することを選んだ？
　——今なら、どう反応しますか？

jeanie   *ursula*   *tammy*   *amber*

red for passion...
情熱の赤…

georgia

　自信を持って、堂々とチャレンジに立ち向かえるようになるには、"情熱"を見つけることも大事。情熱がわいてくると、信念や決意も生まれるし、直感を信じてみようと思えるから。本当はみんな、自分がなにに対して情熱を感じるのか、わかってると思うんです。でも周囲に気をつかって、本当の気持ちを押し隠していたりする。

　子供の頃から自分のしたいことがハッキリわかっていて、今の仕事には心から満足してる…そんな人たちを大勢知っています。あるいは「これだ」と思える仕事に出会って落ち着くまで、いろんな道を模索しながら探し続ける人たちもいます。たとえ、熱中できるものがなかなか見つからなくても、気落ちしないように。まわり道を延々として、ようやく完璧な場所にたどり着くのかもしれません。…ちょっと時間がかかっただけ。たとえ職業を変えたとしても、その知識や経験の積み重ねがあなたを「ひと味違った人材」にしてくれる。せっかく覚え

treasure yourself

た知識はぜったいにムダにはなりません。すべてパーフェクトなタイミングで起きているんです。

自分を定義しよう…

「人生で成功する」ってよく言いますが、それはどういうことなのか。自分で考えて答えを持つことが大切です。人の言うことを、鵜呑みにしないほうがいい。目標設定まで他人まかせにしてしまうのも、危ない落とし穴。大金持ちになることや、世界に認められることが成功だ、と思っている人もいます。でもあなた自身はどうなのか。「そうなったら本当に幸せ？」と問いかけてみることが大切。わたしはというと…自分がどんな存在で、世界のためにどう役立っているか。そのへんが満足できれば成功かな、と思ってます。ジョン・R・ウッデンのこんな言葉がお気に入り。

『成功とは"心の平安"だ。
それは、できるかぎり最高の自分になろうと
ベストを尽くした実感があるとき、
その満足感から生まれてくる。』

もし「お医者さんになりたい」とか「作家になりたい」と思うなら、あなた自身でそれを選ぶこと。この人生を実際に生きていかなくちゃならないのは、他のだれでもない、自分なんだから。

わたしが情熱を感じるのは『身体と心の健康』というテーマ。「人間の身体って本来どういう仕組みになっているの？」「人生の意味は結局どこにあるの？」こういうことを理解したい気持ちが強いんです。せっ

かくもらった身体も含めて、わたしたち人間のすべてを最大限に生かしていく方法をたくさん学びたい。なによりもワクワクする勉強です。

情熱に導かれて…

　情熱はやる気を与えてくれます。行動する力になります。でも"先延ばし"の癖があると、情熱のままに生きられません。へたをすると夢が叶えられなくなってしまうかも。ぐずぐずと行動を遅らせる、"先延ばし"のパターンには気をつけてください。やろうと思っているのに、なんだか手をつけられない…わかりますよね！「こんどやるから」と言いながらまた延期、みたいな。あるいは「◯◯だからできなかった」と言い訳ばかり。

　先延ばしにすると、「自分には目標が達成できない」というイメージがますます強まってしまうんです。まずは、その裏に隠れている本当の問題をつきとめましょう。立ち止まっているのには、なにか理由があるはずです。たとえば「プロジェクトをやりとげるにはスキルが足りない」と思ってたり。「失敗するのが怖い」と思ってたり。そんな考え方から抜け出す道はただひとつ。行動するしかありません。最初はちょっとビクビクしながらでも。みんなが憧れる人生の成功者たちだって、なにもしないで今の場所に到達したわけじゃない。「わたしの夢はぜったいに邪魔させない！」と宣言しましょう。心の奥の情熱をいったん認めてしまえば、あとはもう一生燃え続けてくれます。

　わたしはいつも、自分と同じくらい生きることを楽しんでる人たちに囲まれていたいんです。いちばんおもしろいのは、やっぱり情熱的に生きてる人。もしあなたが「いったい自分にはどんな情熱があるん

treasure yourself

だろう」と思うなら、これまでの人生をじっくり見つめてみて。たとえば、子供の頃の夢はなんだったか。本当に楽しいのはなにをしてるときか…読書でも、文章を書くのでも、乗馬やお料理、いろんな形で人を助ける活動とか、車の構造に詳しくなるとか…なんでもいいんです！　過去をふり返っても、人生という旅の目的地はわからないかもしれない。でも、次のステップのヒントぐらいにはなるでしょう。

　あなたにとって、本当にワクワクする刺激的なものはなんなのか。ぜひ考える時間を作ってください。毎日でも、たとえお金にならなくても（！）「これだったらやれる、やってもいい」と思えるものを見つけること。夢中で情熱を追いかけているときは、もう仕事っていう感じもしないはず。情熱的な人たちは進む方向がしっかりと揺るがないから、イキイキと活動できるんです。彼らはあふれる自信を発散させて、「世界は自分の思いのまま」ぐらいの気分で生きてます。

Getting Personal : 自分自身に聞いてみましょう…

— あなたにとって簡単なことは？
— あなたにとって自然なことは？
— どんなとき、笑顔になりますか？
— なんの話をするのが好きですか？
— 自分のどういうところが気に入ってますか？
— どんなことに自信がありますか？
— やらなければ、きっと後悔しそうなことは？

rebecca   susie   lisa   brandi

mirror, mirror on the wall...

鏡よ鏡、鏡さん…

mum

　わたしたちの外見って、自分のイメージをかなり決めてますよね。でも"美しさ"の定義は、たえず変わっていくもの。西欧で、グラマーな丸ぽちゃタイプの女性が美しいと思われていたのも、そんなに昔の話じゃないんです。背が高いのは「女性にしては男性的すぎる」、やせているのは「あまりにもボーイッシュ」でした。肌が白くないとキレイじゃない国もあれば、みんな小麦色の肌をめざして一日中太陽の下ですごす国もある。美しさは、ぜったいにひとつの決まったタイプには限定できない。…わたしたちは、ついそう思いがちだけど。本当の"美しさ"は、手でしっかり握っておけるような実体がないんです。ほんのちょっとした細かい特徴が、たまたまその時代の"美人"のイメージにうまくはまった、その程度のことで。

treasure yourself

美は内面にある…

　鏡にうつる自分の姿がすべてだ、と思ってる人もいます。そういう人は、たとえば「あと30センチ背が低く」ないと満足できない。あるいは「もうちょっと腰幅があれば」、「もっと小さい鼻なら」、「大きい胸なら」よかったのにって。そんなことを考えてたら、永遠にハッピーになれませんよ。わたしはボディ・サイズも肌色も顔立ちも、本当にさまざまな女性たちを見てきました。だからこそ自信をもって言えるのは…特に目をひく、ずばぬけて美しい女性は、内面から輝きを発してるってこと。

　"内面の美"を発している女性たちは、まわりのだれにとっても魅力的。あなたも会ったことありません？　どこがどうとはうまく言えないんだけど、なんだかたまらなく惹かれてしまう、そんな人に。男性にも女性にもいるんですよね。自然に人が集まってくるような、そこにいるだけで雰囲気がぱっと明るくなるような人って。でも世間一般の基準で「オシャレな美人」とか「イケメン」に入るとは限らない。彼らはむしろ、自分の生まれ持った身体や心をしっかり受け入れて、あらゆる部分を認めてる人なんです。そう、美しさは物理的に決まるわけじゃない。自分のことをどう思っているか…という内面から生まれるもの。

美しくなると決心しよう…

　"美しさ"というのは、決まった外見やスタイルよりも、心の持ちようと生き方だと思うんです。そして「自分は愛される価値がある」と確信すること。女性は「美しくなる」と決心すれば、それだけで自信

mirror, mirror on the wall...

が出てきて、今あるものを最大限に活用していける。わたしの知り合いにも大勢います。典型的な"美人"とはちょっと言えないけど、それでも「美しくなる」と自分で決めたんだな、とわかる女性たちが。結果として、みんなやりたいことをちゃんとやっています。「ありのままの自分でいいの。誇りに思ってるわ」という気持ちが伝わってくるんです。

　自分の見た目に満足できるかどうか、それはもちろん重要。たとえ世界的な"美"のカテゴリーから外れていても、自分の外見を受け入れて、最大限に生かしていく。心の中をよく見つめて、気持ちをごまかさないことも大事です。もっともっと自分を大切にして、ベストの自分を世界に見せてあげればいい。

　わたしだから、"美しさ"について語りやすいと思います？　特に語りやすくもないし、むずかしくもないかな。たまたまモデルをやっている、若い女性というだけ。生まれながらに与えられたものがあって、それでベストを尽くしてる。もちろん世界中のいろんな女性と自分を比べて、「もっと違う外見だったらよかったのに」と嘆くこともできるけど。でも、それは時間とエネルギーのムダだと思うから。わたしはわたし。それ以上でもそれ以下でもない。あなたも同じ。ひとりの個性的な人間として、自分を認めてあげればいい。結局「美しくなる」「自信をもつ」ことを、あなたが選べばいいんです。

モデルになって…

　本当にいろんな経験をしました。すごく素敵なこともあったし、悲しくて寂しいこともあった。世間の"モデル"に対するイメージって、

treasure yourself

　じつは意外なものが多いんですよね。わたし自身が考えていたのと実際も、全然違ってました。だって13歳でお仕事を始めた頃は、モデルって自分の好きな服を着て、たくさんお金をもらって、贅沢な暮らしができて、顔もスタイルも完璧な人たちだと思ってた。でも自分のことは全然そんなふうに思えなくて。あれからちょうど13年。今になって振り返ると「ずいぶん変わったなあ、成長したなあ」って感じ。そんなモデル業の体験を、ここにいくつかシェアしましょう。

　駆け出しのモデルとして、最初の頃に訪れた国のひとつが日本。着いてみたらモデルハウスはヨーロッパの子ばっかりで、だれも英語をしゃべれないんです。ルームメイトの子もそう。モデルハウスの生活に、いい思い出はあまりないの。仕事がちっともなくて、みんなお金に不自由してて。ごはんと言えば毎日お米ばかり…。まともな食べ物を買ってきても、冷蔵庫に入れておくと翌朝にはなくなってる！　勝手に食べた犯人が白状するわけないし。他人の服を取っても、もちろん知らんぷり。

　わたしはもうすぐ18歳という時期で、本当にモデルをやりたいのか迷ってた。日本に滞在したのは2ヶ月ほど。そのあいだに誕生日がきて、家族が一緒にいないのは初めてだからホームシックになったけど、モデル仲間とエージェンシーの人たちがサプライズパーティをひらいてくれた。でも、そのあとオーストラリアに帰るときの気分は、「やっぱりモデル業は自分に合わないな…」。

　それからも、ときどきはモデルをしたけれど、本気でやっていこうとは思えなかった。でも帰国して1年後、パリ行きの話が舞い込んで。半年ほどのパリ暮らしでした。ある日、撮影の終わり近くに目が痛くなってきたんです。フォトグラファーがフラッシュの覆いを外して、

mirror, mirror on the wall...

わたしの顔にすごく近づけてた。そのうえ「フラッシュをのぞきこんで」って言われて。美容関係の撮影だから、「瞳がキラリと輝くようにしたい」って。「でもそれじゃ目に良くないわ」とわたし。「大丈夫だよ」と彼。結局その夜は吐き気がするほどの痛みで、パリの病院にかつぎ込まれました。両目の内側にやけど、そして火ぶくれ。「そこで撮影をストップして良かったですよ」とお医者さん。「撮影用のフラッシュを直接なんども目に当てるなんて、溶接工の職人が作業中に目をやられるようなものだ」。わたしの場合は8時間もフラッシュに晒されたぶん、もっと苛酷だったんです。

　両目とも眼帯という姿で退院しました。ちょうど当時のボーイフレンドがパリに来てて助かった！　身のまわりの世話をしてくれたから。10日ものあいだ、やけど用の軟膏をチューブから急いで絞り入れる瞬間以外はずうっと眼帯をしたまま。子供の頃から暗いところは怖かったのに、目が見えなくて真っ暗闇なんて…。ちゃんと治るのかなって不安でした。家族と遠く離れて地球の反対側にいることも。いろいろ考えたあげく、「もう自分で心の中だけでも安らかにしなきゃ。するしかないのよ」って覚悟を決めたんです。そうしたら、はじめて「大丈夫」って思えた。視力の大切さが身にしみた経験。目が見えるって本当にありがたい。

　ニューヨークでも同じことがあったんですよ！　幸い、もうすこし軽症だったけど。それからは、おかしいと思ったらちゃんと主張するようになりました。自分が100パーセント納得できないときは、はっきり「ノー！」って言う。

　10年ぐらい世界中を飛びまわって（飛行機に何回乗ったか数えきれない）、ほとんどはエコノミークラス、26時間のフライトからお仕

treasure yourself

　事に直行、という生活でした。いつも時差ボケと疲労でぐったり。機内では隣の人が眠りこんで、わたしの肩によだれを垂らして、しかも大音量のいびきで「飛行機が落ちるんじゃないか」って思ったり。赤ちゃんにミルクを吐かれたことも、キャアキャア叫ぶ子供の隣で我慢したこともある。疲れてるのにヘトヘトになるまで話しかけてくる人。逆にひと言もしゃべろうとしない人。…良くいえばそれなりにおもしろかったし、すごく楽しいこともあったけど、正直、キツイときのほうが多かったですね。
　ヴィクトリアズ・シークレットの仕事をしてた最後の数年は、やっとビジネスクラスやファーストクラスに乗れるようになって、どんなに嬉しかったことか。だって世界には、ファーストクラスどころか、飛行機そのものに一生縁のない人もいるのに！　貴重な経験をさせてもらえて感謝しなきゃ。
　世間には、「モデルみたいになりたい」とがんばってる女の子がたくさんいますよね。でも、「モデルみたいな」っていう決まったルックスはないんです。モデル業をやってる女性たちを見てもらえば、みなさんのほとんどがびっくりすると思う。本当にいろんな体型やサイズやルックスの人がいるから。それに雑誌で見るモデルたちの姿と、実生活の彼女たちは全然違うし。モデルだからって、朝起きた瞬間は広告ページから抜け出したみたいじゃない。長くて疲れる一日の終わりには、やっぱり元気はつらつじゃない。
　わたしたちもヘアやメーキャップに何時間もかけ、体型をいちばん引き立たせる服を選びます。たまたま今の"美しさ"のイメージに近い人もいるけど、それでも妙なところにソバカスがあったり、よけいなところに凹みができてたり、ここのパーツは変えたいと思ったり。「申

mirror, mirror on the wall...

し分ないパーフェクト」なんて存在しないんです。結局、自分が自分に対していちばん厳しくて批判的。短所が足をひっぱってると思いがちだけど、意外にまわりは全然それに気づいてなかったりする。もしも「カッコ良く見せよう」とか「カッコ悪くないように見せよう」っていうのをすっぱりやめて、本当の自分をそのまま出せたとしたら、まったく新しいレベルの自由と自己表現が生まれるはず。人に対してだけじゃなく、自分に対して"リアル"でいること。それがいちばん大事。

　できるだけ、人のことを勝手に判断しないほうがいいんです。他人をあれこれ批評したり、逆に自分が批評されてるように感じる癖は、克服すべき。たとえば、わたしだって見た目だけじゃない。ちゃんと中身があるのに、そうは信じられない人たちもいるんです。だから「またこんな先入観を持たれたらイヤだ」って、つい頑張りすぎてしまうほど。自分に正直に生きるには、もっと自然体でいなきゃと思うんだけど。

　「この人はこうでなくちゃいけないのに」なんて勝手に思い込んで、人の態度や行動をとやかく言う…これもありがちだけど、そうすると相手の本当の姿が見えないんです。だからわたしは、なるべく時間をとって話をしたり、人柄がわかるように努力する。表面的な印象にとどまらないで、その奥を見たほうがいい。けっこう「思ったのとは違う人だったな」って気づいたりするから。

ファッション vs. スタイル…

　わたしにとって、ファッションとスタイルはまったく別物。スタイルは、自分の個性をどんなふうに表現するか。そこに見えるのは自分

treasure yourself

自身との関係。ファッションのほうは、衣服だけの問題。その衣服が世界に、時代に、どう受け入れられるか。だから日常的にファッションに囲まれていても、それとは別に「わたし自身のスタイルはこれ」っていう感覚がある。もちろんファッションはすてき。でもスタイルって、"アイデンティティ"を決める大事な要素なんです。内側に隠れてる本当のあなたを、外の世界に表現する方法だから。

　外見が美しくても、そんな自分を当然のように愛せるとはかぎらない。何もかも手に入れてるように見えるのに、ちっとも幸せそうじゃない人っているでしょう？　ものすごく魅力的なのに、それでも自信が持てなくて、外からの批判や自己批判に押しつぶされそうになってたり。自分を大切にするには、ネガティブで制限的な考えを変えなくちゃ。「わたしは自分を愛してる。これでいいの」。そうはっきり言えるように。

　本当に大切なのは外見じゃない。心でどう感じているか、それが重要。ありのままの自分を受け入れるんです。そうすれば自分のことが心地よく感じられる。心も強くなる。健康で、パワフルで、実り多い人生が送れます。こう唱えてみて。「自分をそのまま受け入れて、大切にすれば、愛と尊敬がわたしに降り注ぐ」。

　自分のことをどう思ってるか。それがわかれば、ネガティブな考え方に立ち向かう第一歩。ネガティブな考えを見つけたら、ポジティブなアファメーションやパワー思考で置き換えていきましょう。この本の後半に、たくさん紹介してあります。

mirror, mirror on the wall...

Getting Personal：自分自身に聞いてみましょう…

── あなたの姿かたちを他人に説明するとしたら？
── 自分の外見をどう思ってますか？
── あなたの見た目で気に入っているところは？
── 自力で簡単に変えられそうなのはどこでしょう？

　今まで、自分についてネガティブなこと／ポジティブなこと、どちらをよく言ってましたか？　ネガティブな考えは、ポジティブな考えに置き換えてください。ちょっと変な感じかもしれないけど、気にせずに。ネガティブなことが頭に浮かんだら、すかさず「ストップ！」って自分を止めて、ポジティブな言葉に取り替えてしまうんです。
　ビューティ・アドバイスとしてお気に入りの詩を、ひとつ紹介しましょう。サム・レヴンソンという人が書いたもの。オードリー・ヘップバーンも好きだったとか。

treasure yourself

mirror, mirror on the wall...

時を超える"美"のヒント

魅力的な唇にするには、やさしい言葉を語りなさい。
愛らしい瞳にするには、人の長所を見つけなさい。
ほっそりした身体になるには、空腹の人に食べ物を分けなさい。
美しい髪にするには、一日一度、子供の指で梳いてもらいなさい。
姿勢よく歩くには、「決してひとりにはならない」と確信しなさい。
人は物よりもっと、復元し、改善し、回復させ、更生させ、
挽回させるべきもの…決して放り出さないこと。
助けがほしければ、伸ばした手の先に必ず見つかると、心に刻みなさい。
年を重ねれば、2本の手の意味がわかる…1本は自分を、
もう1本は人を助けるため。
女性の美しさは、着ている服にはない。姿かたちにも、髪をとかす仕草にもない。
それは、瞳にあらわれるべきもの。瞳こそハートの扉、愛の住みかだから。
女性の美しさは、ほくろの有無でもない。真の"美"は、その魂に映るもの。
愛のこもった心遣いと、胸をこがす情熱に。
そして女性の美しさは、年とともに増すばかり！

janine   judy   margaret   nan sanderson

you are what you eat... and more!

あなたを創るのは食べ物と…
他にもいろいろ！

nan kerr

　"良きものは内より生まれる"という言葉があります。つまり、自分の中がすこやかでないと、外側も輝けない。マインドも身体もスピリットも本当に健全な状態でなければ、瞳のキラメキも、髪の光沢も、お肌のツヤもなくなってしまう。だから食べ物だけの問題じゃないんです。なにを自分に取り入れるか、なにを自分から取り除くか…ひとつひとつが重要。"与える"ものと、"受けとる"もののバランスをとっていきたい。

　モデルって、ものすごくハードスケジュール。10日間で最大6カ国の移動をこなすことだってある。時差ボケだけでも、身体にはとんでもない負担がかかります。自分の身体と感情とスピリチュアルな部分にちゃんと注意を払ってなかったら、仕事の成功なんてとても望めないでしょう。

treasure yourself

わたしのヘルシーライフ…

　駆け出しのころは、今のように栄養の知識がなかったので、大好物を我慢してました。チョコレートとフライドチキンとアイスクリーム。でも食べないようにしてると、かえってほしくなるんですよね。結局あきらめて、ふつうの2倍くらい食べちゃって、猛烈に後悔する。「この食べ物は禁止」って決めるのは逆効果なんです！　本当に弱いのはフライドチキンかな。カロリー面だけじゃなく、自分には良くないってわかってるけど、ときどきは"ごほうび"のつもりで食べてます。適度な量を守ること、それから食べ物と身体の相性を知ることが大切。そうすれば、「おいしいものが食べられない」ってみじめな気分にならずに健康でいられて、ベストの体型を保てます。
　自分を大切に思って、身体にも感謝していれば、自然とその力を最大限に発揮できるような"オイル"を"満タン"にしてあげたくなるもの。わたしの場合は、栄養学のお勉強をしたのがすごく良かった。毎日の食生活に知識を応用できるから。身体に良いものを食べて、水をたくさん飲んで、定期的にデトックス。今ではもう、良くない食べ物が無性にほしくなることはめったになくて、そのときは少しだけ、うんと楽しんで食べるようにしてます。あと、栄養価が高くて健康的な代用品もいくつか見つけたんですよ。ときには、そっちのほうが満足できるくらい。

身体を栄養でいっぱいに…他にもいろいろ。

　13歳の頃からずっと飲んでる『タヒチアン・ノニ・ジュース』。大

you are what you eat... and more!

　好きなんです。ビタミンとミネラルと抗酸化物質がたっぷり含まれてるから、免疫力がアップして、お肌もすべすべで快調。うっかり日焼けしたり、吹き出物ができたときも、このジュースを患部に塗るとすごく効く。最近わたしのオリジナルで、『KORA』というオーガニック・スキンケア製品を作ったときも、ノニ・ジュースの成分を配合しました。
　毎日の瞑想も、健康と注意力を保つのに役立ってると思います。だから仕事でのきびしい要求にも応じられる。この瞑想に正しい食生活とエクササイズを組み合わせると、抵抗力が強くなるみたい。おかげで体調を崩しても、回復は早いんです…病気や感染症とたたかう手段を、ちゃんと身体に与えてるから。
　もし、自分で決めたエクササイズのプログラムがなかなか守れないときは、友だちと一緒にやってみて。おたがいに励まし合ったほうが続けやすいし、お茶しにいくよりヘルシーです！　日々の積み重ねが、わたしの身体も心もヘルシーに保ってくれる。しかも免疫力アップと老化防止になり、面倒なダイエットをしなくてもベストコンディションでいられるんです。唱えるアファメーションはこれ。「わたしは栄養ある食べ物で身体を満たします。自分の魂を大切にします」。
　ヨガも、わたしの元気と健康のもと。これも免疫力を高めるし、手足の関節が滑らかになり、内臓のマッサージ効果で体力と柔軟性がつきます。スピリチュアルな意識も強くなる。アンチエイジングにもいいんです！　大事な友だちでヨガ講師のシャーロット・ドゥソンは「練習前に心を静めて、ポジティブな目的と感謝の気持ちを込めるように」って教えてくれた。それから毎日のヨガを通じて、呼吸に集中できるようになったんです。本当に"今、この瞬間"にいられる…これはすてきなこと。もしも、なにかの思いにつられてマインドがふ

treasure yourself

らふら漂いはじめても、意識をまた呼吸に戻せばいいんです。なんといっても、呼吸は生命のエッセンスだから。

ヘルシーでいるためのおすすめヒント集

—— カロリー計算より、身体を「いろんな栄養で満たしてあげる」つもりで。
—— 新鮮な食材がベスト。加工食品や人工甘味料、着色料、添加物は避けて。
—— 自分に合った栄養補助食品で、必要なものを補いましょう。
—— スキンケアは、できるだけ自然派やオーガニック製品で。
—— 日課を決めましょう。わたしの場合はボディブラッシング、パワーヨガ20分、アファメーション、その日の気分で好きな音楽を聴きながらシャワー。
—— 歌って、踊って、ほほえんで、笑って。お腹の底から大笑いすれば、いちばん幸せな気分になれるから。それが最高の薬＝魂の元気回復。

you are what you eat... and more!

Getting Personal：自分自身に聞いてみましょう…

── あなたの日課はどんな感じ？
── ふだん、食べ物や飲み物について考える時間はある？
── 身体に取り入れるものについて、もっと知識を得るには？
── 今、どんな化粧品やボディケア、ヘアケアを使ってますか？
── 健康面など、全体的に自分の面倒をもっとよくみてあげるには？

paddy  *jaymee*  *judith*  *michelle*

it's all about you...

とにかく大事なのはあなたです…

noni

　気持ちよく毎日をすごすには、バランスの良さがひとつの鍵になります。レトロな"はかり"を思い浮かべてみて。そう、両側にお皿がついてる『天秤座』のあれ。片方に重りを乗せすぎると、ぐらりと傾いてしまうでしょう？　人生のパーツも同じ。左右にちょうどいい量を乗せていけば、釣り合いのとれたパワフルな力が見つかるんです。

　モデルハウスで暮らしてた頃のわたしは、完全にバランスを崩してました。たしかに、世界中から集まった女の子たちと会えたのはすごく良かった。みんな似たようなチャレンジに立ち向かう、同志みたいな連帯感もあった…でも、あまりにもゴチャゴチャしてて。人の出入りが多すぎるから、だれも「共有のスペースを大事に使おう」なんて思わないし、本当に落ち着かない環境。わたしには、その正反対の場所が必要だったのに。

　だれにだって、ほっと息つく時間が必要です。本来の自分に戻って、

魂に栄養をあげて、これからどうしたいのか考えてみる。でないと日常の雑事をこなしながら、たえず新しい仕事に全力投球してるうちに、目標からずれてしまうことがあるんです。わたしはそんな状態になったら、ぜったいに「自分のしたいことをする」時間を作ります。いつも働きづめの人は要注意。"今"を楽しめないだけじゃなく、「あれ？　わたし、なんのためにこれをしてるんだっけ？」って、思い出せなくなってしまうかも！

　結局、生きるってことは"どうするか"より、"どうあるか"が大事みたい。たとえば、あんまりうれしくない状況になってきたときも、いきなり怒ったりオロオロしないで、自分にこう聞くんです。「わたしはこの状況で『どういう人』になろうか？」　その瞬間、たとえば「なにが起きようと、おだやかで平和で愛情深い人」になるっていう可能性が生まれる。そうすると、落ち着いて自分の出方を決められる。逆に"どうするか"っていう行動を優先してしまうと、まわりの状況や人の影響を受けて反射的に動いてしまう。だから人生がどんなものを投げかけてきても、自分は"どうあるか"のほうを選んでいけば、望む人生が送れるというわけ。

　それからたまにリラックスして、感謝して、振り返る時間をとることも大事。

　マインドの緊張がとけると、物事がクリアに見えてきて、悩みごとの解決策が見つかったりします。少なくとも自分の今とこれからを、あらためて確認できる。おだやかでくつろいだ平和な気持ちのとき、あなたは本来の自分に戻るんです。

　リラックスしたいとき、わたしはよく音楽をかけます。本当にガラッと気分が変わることも。家の中やホテルの部屋で歌って踊って、音楽

it's all about you...

に我を忘れる感じが大好き。完全にスイッチを切って、頭をからっぽにできるんです。まるで"動く瞑想"みたい。もうひとつの楽しみは、自然と触れ合うこと。チャンスを見つけては裸足になって、草の上を歩いたり、木の幹にもたれてのんびり。そういうちょっとした時間でバランスを取り戻せます。大自然のすばらしいエネルギーとつながって、自分の居場所を思い出すのかも。

生活のバランスをとるためのヒント集

── マッサージを受けたりゆっくり入浴して、自分を甘やかして。
── ペットと一緒にすごしましょう。
── 自然の中ですごす。公園やビーチでも、庭でも。
　　靴を脱いで、"母なる自然"とつながりましょう。
── 夜はじゅうぶん睡眠をとること。あるいは、日中に短くて
　　効果的なお昼寝"パワーナップ (Power nap)"を。
── 20分ほど瞑想するか、静かに座って呼吸に集中しましょう。
── 運動してください！ エクササイズは快楽物質エンドルフィンを
　　分泌させ、ストレス軽減になります。
── 生産的になりましょう。その日するべきことをリストアップして、
　　優先順位をつけて。そうすれば問題が起きる前に、
　　手を打っておけます。

"今"を生きる…

　気持ちのバランスがとれると、"今"この瞬間にしっかりいられる自分にも気づくでしょう。もっと自然体で、しかも人生をちゃんと思い通りに生きたかったら、これはなにより貴重なことなんです。"今を生きる"、"現在の瞬間にいる"なんて聞くと「過去も未来も目標も忘れて、ただ流されるように生きなきゃいけないの？」って早とちりする人もいるけど、そうじゃない。「心にためこんだストレスや心配を全部手放す」、「ネガティブな感情を未来の行動に持ち込まない」…それが"今"を生きること。どうやったらうまくいくか考えすぎてストレスになったり、過去の失敗をいつまでも蒸し返していないで、どんどん目標や夢に向かっていけばいいんです。そうすれば、"今"この瞬間も良いとか悪いとかじゃなく、そのまま受け入れられる。

　わたしにはこの考え方、とても役に立ってます。だって過去のいろんな失敗を思い出して、今の仕事に影響が出てしまうって、本当にありがちだから。特にモデルは、仕事中ずっと心配でストレスを感じてたら、絶対バレます！　完全に"今"この瞬間にいるようにすれば、ネガティブな気持ちにふりまわされない。目の前の仕事に集中できるんです。

　わたしたちの生きる一瞬一瞬は、真っ白なキャンバスのようなもの…感情や思考が色をつけてるだけ。"今"にいれば、どんな状況でも現実として受け入れやすいし、ありのままを認めれば、こんどはそれを変えていくプロセスがスタートできる。そこには新しい可能性が生まれます。

it's all about you...

Getting Personal：自分自身に聞いてみましょう…

―― あなたの生活はバランスがとれてますか？

―― なにを手放せば、もっとバランス良くなる？

―― さらにバランスを回復するには、どうすれば？

alison    *hayley*    *margaret*

the green-eyed monster...
緑の目をしたモンスター…

carlotta

　嫉妬、ジェラシーという感情は、野放しにするとたいへんな力を持ってしまいます。このモンスターはふつうの剣と盾じゃ倒せない。目をつぶって「いなくなれ！」と願ってもダメ。だれでも嫉妬やねたみを感じた経験はあるでしょうけど、決していい気分じゃないはずです。
　わたしは移り変わりの激しい、せわしない生活をしているので、不安になったり自信をなくすこともしょっちゅう。"地に足をつける"方法を見つけないと、傷つけ合いのゲームにすぐ巻き込まれてしまうんです。だから「この人ネガティブな気持ちを煽ってるな」と感じたら、なるべくかかわらないようにする。もちろん、そう簡単にはいかないこともあるし、自分の反応の仕方には気をつけてるけれど…。わたしだって、人並みに嫉妬に燃えたことがあります。あるとき、ボーイフレンドが「ブロンドの髪、好きなんだよね」ってポロッと言ったんです。それがもう頭から離れなくて、彼がブロンドの子としゃべってるのを

見るたびに、腹は立つわモヤモヤするわ。「嫉妬深い女にはなりたくないのに、どうしたらいいの？」と心の中を見つめてみたら、わたしの反応はパワフルじゃなかった。だってもしブロンドの子が良ければ、ブロンドの子と付き合ってるはず。でも彼は、わたしを選んだのだから。やっぱり「ふたりの関係と自分の個性を信じよう、感謝しよう」と決めました。

　ヨガや瞑想は心を落ち着かせてくれるので、内側から幸せ感がわいてきます。それでも嫉妬で胸がひりつくときは、深呼吸をして、その気持ちと一緒にいてあげるんです。ちゃんと受け入れて、じっくり味わってあげれば、やがて過ぎ去っていくんだな、とわかってきたから。それが効かないときは、紙に書いてみる。もう洗いざらい、正直に。自分の思ってることが目に見える形になるので、それを解放すれば心のバランスを取り戻せます。

　嫉妬って、ネガティブなパワーと注目度の問題だと思うんです。根本では、自分のことを「これじゃダメだ」って思ってる。そもそも「どういう人間なんだか、どうなったらいいのか」全然わからない。足元がぐらついているから、他人がうらやましく憎たらしくなる。"アイデンティティの危機"みたいなもの。「もう自分を磨くしかないよ」って心の声が呼びかけてるんです。感情はわたしたちを映し出す鏡で、嫉妬もそのひとつ。だから、あるがままの自分が本当に心地よくなって、能力にも自信が持てれば、嫉妬心は"受け入れる心"に変わるはず。

　嫉妬は、健全な競争とは別のもの。スポーツやビジネスの世界なら、正々堂々と競い合うことで"やる気"が出て、ぐいぐい目標に向かっていける。でも、人より「キレイになろう」「お洒落になろう」「カッコいいことを言おう」なんて競争が始まると、わたしは一歩引くんです。

the green-eyed monster...

そういうゲームは人間のいちばん悪い部分を引き出すばかりで、いつまでも終わらないから。巻き込まれないですむように、このアファメーションを使ってます。「人それぞれ、好きなように生きることを許します。彼らを受け入れ、無条件に愛します」。

わたしたちは全員、そのままで完璧なんだって思い出すことが大切。みんな長所と短所があって、その自分をもっと良くする力も備わってる。みんな自分に対して責任があるんです。「これがわたしの独特な個性よ」って言えるものを見つけてあげること。そして、才能を伸ばしてあげること。だれかに認めてもらうまで満足できないんじゃ、らちがあきません。「この自分でいいんだ」っていう気持ちを育てて、そこからベスト・バージョンの自分をめざしましょう。

ひとりひとりが、"人生"という名のお庭に咲く個性的なお花です。その個性を喜んで、大切にして。人と比べたりしないこと。バラはバラなりの美しさがあるし、ヒナゲシも、ヒマワリも同じ。それぞれが、ただひとつの存在。わたしたちも、自分の個性を完全に理解して受け入れたとき、はじめて本当にキラキラと輝くんです。

treasure yourself

嫉妬心に対処するためのヒント集

—— なにに対して、なぜ嫉妬してるのか、つきとめて。
　　その気持ちとしばらく向き合って、受け入れましょう。
—— 嫉妬から出てくるネガティブな気持ちに
　　フォーカスするより、新しい行動に結びつけてみて。
　　そうすれば、今"ない"ものばかり考えて、"手に入れたい"
　　気持ちをつのらせないですむから。
—— 自分に今"ある"ものに、感謝する時間をとりましょう。
—— とにかく嫉妬のエネルギーを追い出すこと。
　　気持ちを紙に書いたり、だれかに聞いてもらう。
　　無理に抑えておくと、かえってダメージが深くなるので。
—— 自分とだれかを比べるのはやめて。
　　「みんなそれぞれ違う独自の人間」これを忘れないように。
　　あなたの長所や個性について、意識的に考えてみる。
—— 自分をそのまま受け入れてください。

the green-eyed monster...

Getting Personal : 自分自身に聞いてみましょう…

── あなたはだれに嫉妬してますか？
── 嫉妬する気持ちの裏に、なにが隠れてる？
── そんなネガティブな気持ちを、どうすれば自分のための
　　ポジティブな行動に変えられる？

carlii *danielle* *lauren* *sally*

relationships are your strengths...

人間関係はあなたの強みです…

romy

　人間関係って「スムーズで気楽な」感じだったり、「波があってむずかしい」感じだったり、いろいろです。とにかく始まったとたん、いっきにハッピーエンドまで駆け抜けるわけじゃない。時間をかけておたがいを受け入れながら、努力しながら、すてきなものを育てていくんです。ベストの関係を築くには、信頼と正直さとコミュニケーションが必要だと思う。どれかひとつでも欠けると、破綻してしまう。結局、自分と自分の人生をどのくらい信じてるか、尊重してるか…それがどんな関係にも反映されるんです。だから逆に、人とのかかわり方を見れば、あなた自身のことがけっこうわかる。

　ときには人間関係があまりにも辛くて「いっそひとりでいたほうが、楽なんじゃない？」って思ったり。でも気づくんです。そういうむずかしい関係だからこそ、わたしをいっそう成長させてくれる。

　人とかかわると、いやでも自分の中のいちばん"好きじゃない"部分

を見なきゃならない。川の流れで小石がこすれ合って、だんだん角がとれてくるみたいに、わたしたちも人間関係にもまれて丸くなるんでしょう。

　だからといって、もう卒業していい関係でも「無理して一緒にいなさい」ということではありません。その相手との関係から、必要なものが得られなくなったら、立ち去るのがいちばん"自分を大切にする"ことかもしれない。わたしが仕事上すごく辛い思いをしたのも、エージェントを変えたとき。個人的に愛着のある方だったので、決心するまで本当に悩みました。でも最後は、手放さなきゃならなかった。わたしのビジネス上の要求を満たせてなかったから。

自分を尊重する…

　あなたが自分を尊重していなければ、どうやって他の人に尊重してもらえるでしょう？　失敗するたび自分をめちゃくちゃ責めてたら、まわりの人たちも同じところに目をつけて、批判してくるんです。でも、あなたが自分を正しく評価するようになれば、彼らも評価しはじめる。なぜかって？　自分自身を大切にしてるのを見て、「ああ価値のある人なんだ」ってみんなも気づくから。結局、自分をどう扱うかで、他人の態度も決まるんです。これはどんな人間関係にも言えること。でも特に、恋愛だとわかりやすいかも。

　男女交際について、アドバイスするとしたら「自分に正直になる」「なにを望んでるのか、はっきりさせる」。もし初デートのあと、電話をかけても返事がなかったら「これはもう縁がない」と思って忘れましょう。デートが良くない結果に終わったときは、自分の頭の中にどんな考え

relationships are your strengths...

があるか、意識してコントロールしてみて。きっと、"思い"が現実を創ってるのがわかるから。そう、感情も創ってるんです。だからその人との成り行きや、うまくいかなかったことをゴチャゴチャ考えるのもいいけど、むしろ経験から学んで、つぎは「もっとうまくやれる人」になればいい。

ハートブレイクを癒す…

わたしの場合、恋愛が終わってしまったら、1日単位で受けとめていきます。ひとりで過ごしたい日もあれば、「踊りに行こうかな」「友だちと遊びたいな」って日もある。ときには取り乱してもいいんです。そういうときは出てくる気持ちを押しのけないで、感じてあげて。でも、かならず乗り越えられるってことも忘れないでください。人生は小さな旅の連続で、浮き沈みはつきものなんだから。「わたしは世界にたったひとりの貴重な存在なのよ。役に立つ才能だってたくさん持ってる」と自分に言いましょう。それに「他にも友だちや家族や、いろんな人間関係があるじゃない」って。

あんまり忙しい毎日なので、ゆっくりプライベートについて考える余裕もないときがあります。しばらくは「考えなくてすむほうが、かえって助かるわ」なんて。でも、いつかは心を癒す必要があるんです…たとえ、どんなに忙しくても。別れは決して楽なものじゃないけど、人生経験としては最強の"学び"をもらってる感じ。あとから振り返れば、「われながら成長したな」「おかげで強くなったんだな」ってわかるんですよね。

どんな人間関係も、ちゃんと理由があって生まれるもの。毎回ぜっ

たいに違うから、比べないことが大事。出会ったふたりがいろんな体験と愛を一緒に楽しんでいく、ひとつの"旅"みたいに思ってください。人との関係から、自分についてわかることって本当に多いんです。だから、まずは自分自身にフォーカスして「どうしたいのか」、「なにを望んでるのか」を見きわめてから、実際に人とかかわっていくほうがいい。つぎは確実にもっといい選択ができるように、ぜひ、"自分を知る"ための時間をとること。これまでの経験があったから、今のあなたがいる。だから、過去のあらゆる恋愛を思い出してみて。貴重な勉強をさせてもらったでしょう？ すくなくとも「こういうパターンはもう望まない。やめておこう」って部分が、前よりはっきりしたはず。

　だれかに「自分の欠けたところを補ってもらおう」とは思わないで。同じく「欠けたところを補ってくれる人が必要だ」って感じてるパートナーも選ばないこと。わたしたちみんな、そのままで完全な存在なんです。だれかを通して幸せを見つけようとすれば、最後はきっと失望する。"あなた"を幸せにできるのは、"あなた"だけだから。

単独飛行…

　ひとりの人間として"充実した生活"に、恋愛がぜったい必要なわけじゃない。シングルだって悪くないんです！ "今"この瞬間を大切にしながら、人生のどんな場面にも全力で取り組んでいけばいい。自分のしたいこと、好きなことのために時間を使うんです。わたしだったらダンスやヨガ、ハイキング、気の合う仲間とおいしいお食事、あとは文章を書くとか…。「いちばん楽しいことはなんだろう？」って自分に聞いてみて。とにかく夢中になれるものを追求しましょう。だっ

relationships are your strengths...

てシングルだろうがパートナーがいようが、人生の目標と夢はあなた自身のもの。それが、活力と生きる意味を与えてくれるんだから。"関係性"の中にいると、個人的にしたかったことを忘れてしまいがち。カップルで行動するのが当たり前になりすぎて、相手がいなくなっても独り立ちに苦労したり。だから本来の自分を思い出して、「今なにが必要かな」ってあらためて考えるチャンスでもあります。大事な友だちと連絡をとりあう時間もできる。いつも「自分はひとりじゃない」って思えるのはいいこと。あなたのまわりにも、単独飛行の旅をエンジョイしてる人たちがいるんです。

友情のパワー…

わたしにとって、友だちは安心して頼れる味方。価値ある本物の友情を実感してるときは「さあ、なんでもこい！」って気持ちになれる。みんな、神様がつかわしてくれた"天使"たちだと思うんです。長い人生の道のりだから「いろいろ助けてあげなさい」って。いつもわたしを励まして、理解して、強さと楽しさと笑いを与えてくれる。家族以外でだれかに話を聞いてほしいときや、アドバイスがほしいとき、電話する相手は瞬時に決まります。恋愛関係だと、アブクみたいに生まれては消えるかもしれないけど、本当の友だちはいつもそこにいてくれる。

長続きする友情って、"受けとる"だけじゃなく、"与える"ものみたい。最高の友だちがほしければ、あなたも最高の友だちにならなくちゃ！鏡の中の自分と目を合わせてみて。…この人と友だちになれますか？"最高の友だち"の条件は、うんと聞き上手で、信用がおけること。そ

treasure yourself

して「今はアドバイスしたほうがいいのか」、それとも「黙って寄り添ってるのがいいのか」判断できること。わたしも話題によっては、友だちと意見の合わないときがあります。それでもいいんです。だからおたがい新鮮で、おもしろいんだし。親しくなれば口げんかもするけど、あんまり小さいことにこだわらないように。あと実際のできごとを脚色して、勝手な『ストーリー』を作ってしまうのは禁物。それぞれ言い分があるときは、たしかな事実だけを正直にありのまま見ていくべき。悲しいけれど、たいていの人はそういう『ストーリー』が本当の現実みたいに思えてきて、結局とんでもなく話がふくらんでしまうんです。意見の違いは文字どおり受けとって、よけいな深読みをしないのがいちばん。いろいろあっても、その人との関係が大切だと思うなら、修復する価値はあるでしょう。

手放すことを学ぶ…

　これまでの人生を振り返ると、わたし自身、新しい経験をするたびに変わってきたし成長したけど、まわりにも「ずいぶん変わったな」と思う人がいるんですよね。これが、以前はちょっとイヤだった。昔は仲良くしてた友だちなのに、遠く離れてしまったようで。でもやっと気づいたのは…自分の価値観や考え方が変わってくると、それに合うような人を新しく引き寄せてたこと。友だちの中には、ずっと似たような道を歩んでて「たぶん一生付き合うんだろうな」と思う人もいる。でも道しるべみたいに、行くべき方向を教えてくれるだけの人や、しばらく一緒に歩いたあと別の道を選んでいく人もいる。わたしにはどちらも大事で、感謝してるんです。だって人生で出会ったすべての人

relationships are your strengths...

が、今の自分を創ったのだから。「だれかがどんな人間か知りたければ、その友人を見ればいい」って聞いたことがあります。本当のあなたを鏡のように映してくれる、そんな人たちと付き合うのが大事。まわりに合わせて自分を変えてはダメ。結局、本物の友だちならあなたをそのまま受け入れてくれるし、他の人が去っていくとき、逆に来てくれるんです。

Getting Personal: 自分自身に聞いてみましょう…

— あなたの人間関係を見ると、どんなことがわかる？
— もっと違うやり方があると思う？
— より良い人間関係を作るには、なにをどう変えればいい？

charlotte *lilly* *marija* *ashlee*

it's like magic...
それは魔法のように…

liesel

　わたしは自分のエネルギーや気持ちを、なにかに強く集中させればさせるほど、その"なにか"が大きく育つのだと思っています。光にたとえると…懐中電灯くらいの柔らかい光じゃ、たぶん小さくてぼんやりしたものしか生まれない。でもレーザー光線くらい強烈だったら、けっこうおもしろいことが始まったり。世界で"偉人"と呼ばれる人たちは、レーザー光線みたいな集中力ですごい仕事をなしとげるんです。「気持ちをどこに、どうフォーカスするか」で、あなたの経験も決まってくる。
「自分にそんなすごい運命が待ってるわけない」って思います？　でも、生きていれば意外なチャンスが転がり込むことだってある。「人生にこれがほしいなあ」っていうものを考えてみて。「新しい仕事」でも、「行ったことのない国に旅行」でも、「ソウルメイトを見つける」でもいい。達成したい目標ができたら、わたしはまず、どのくらい本気かを決めます。願う強さが10段階で５程度だったら、「これを実現させるためにあん

treasure yourself

まりエネルギーを注がないかも」ってわかります。でも本当にすごくほしいと思うなら、それが最優先、本気でめざす目標になる。

今あるものを活用する…

　長いこと、わたしは"モデル"っていうお仕事について、迷いが抜けなかった。いろんな先入観を持ってたし、正直、恥ずかしくて。だってガンの治療薬を発見したり、熱帯雨林を守ったり、世界平和のために働いたり、そういうことじゃないから!　でもパパの言葉で気づいたんです。「その仕事も、自分でコツコツ勉強してきたことも、全部まとめて形をかえて、本当にやりがいのある活動にすればいいんじゃないか?」って。国際的なモデルのイメージを利用すれば、自分が大事だと思うものに世間の関心を向けてもらえる。経験したことや心の旅のことも伝えられる。おかげで、今の仕事を心から受け入れることができました。すばらしいチャンスに感謝です。

　今では『コアラ基金』と『キッズ・ヘルプライン』っていう慈善団体をサポートさせてもらってます。これからも、いろんな団体を応援していくつもり。

　いったん考え方を変えて、ほしいものを人生に引き寄せはじめると、こんどは「どうしたら、自分のしてることがみんなの役に立つだろう」って思えるようになるんです。

　ただ覚えていてほしいのは、そんな"大げさなこと"じゃなくてもいいってこと。自分以外の生き物に愛を与えて、健康を気づかってあげる。そんなシンプルなことだって、すばらしい結果を招くかもしれない。たとえばうちのフランキーは、初めて会った頃は本当にちっちゃくて、

it's like magic...

シャイで、ふるふる震えてる子犬だった。でも、わたしがありったけの愛情を注いだら、ほんの数週間で明るく元気な子犬に変わったんです。今では、会う人みんなに幸せと愛をふりまいてくれる。特別にビッグなプロジェクトが持ち上がるのを待たなくても、小さな行動ひとつひとつに"人生を変える力"が秘められてる。いったんポジティブなことを始めれば、それが波紋を広げて、たくさんの人生に影響を与える力を持つんです。

わたしのママの口癖は「なにかするなら、"ちゃんと"しなさいね」でした。そんな深みのある言葉じゃないし、すごくシンプル。だけど、わたしにはとてもパワフルな教えだった。人生のどの方面にアプローチするときも、影響を受けているのがわかるくらい。つまり自分の時間とエネルギーを使うかぎりは、かならず全力でやるんです。その日の終わりに「できるかぎりのことをした」「"ちゃんと"やれた」っていう実感と手ごたえがあるように。自信を持ってチャレンジに応じるとき、人は「自分のしたいこと」もなおさら強く意識できる。でも、だれかに「あなたはこれをするべきよ」と言われたからって「身が入らないけど仕方なく」やるなんて、夢や願望を自分でつぶすようなもの。なんでも本気で取り組めば、きっと得るものも大きいはず。

魔法を起こすためのヒント集

1. 現実を創造する

そのとき忘れてはならないのは『文脈が決定的』ってこと。これはつまり、なにを創造するにも、自分がどんな状態でも「まいたタネはかならず刈り取ることになる」という意味。「類は友を呼ぶ」ともい

います。もしあなた自身がポジティブな姿勢なら、ポジティブなことが起きる。ネガティブな気持ちだったら、ネガティブなものを引き寄せてしまう。だから"良いもの"にフォーカスして、創造していけば、人生にも"良いこと"が起きるでしょう。

2. 意図にフォーカスする

　今あなたが達成したい、いちばん大事な目標を選んでください。それを紙に書きます。もうそれが「達成できた！」って気分で、はっきりと簡潔に。たとえば「わたしは健康になりたい」よりも、「わたしは健康です」のほうがパワフルな言い方。「友だちからサポートされたいし、愛されたい」より「サポートと愛をくれる友だちに囲まれてます」のほうがベター。「職場から遠くなくて家賃の安いアパートに住みたい」より、「職場から遠くなくて家賃も安い、すてきなアパートに住んでます」のほうがパワフルです。使う言葉が、意図した目標が達成できるかどうかの鍵。

3. ビジョンボードを創る

　あなたの目標をクリエイティブに表現してください。

　大きな白い厚紙を用意して、いちばん上に目標を書きます。それから雑誌の写真とか、目標をあらわすものをいろいろ貼ったり、描いたり、書き込んだり。

　わたしは色とりどりが好きなので、使うのは雑誌の切り抜きとカラーペンと絵の具。完成したら、いつでも目につくところに置きましょう。わたしのお気に入りはベッドルーム。寝る前に見て、人生にそういうものが全部あるところをイメージします。

it's like magic...

4. さあ行動しよう！

　かならず、目標に全エネルギーを集中させること。本気で打ち込まないと、トップには立てない。カウチポテトのままじゃ、一生のパートナーにも出会えない！　それなりの訓練や努力をしなきゃ、憧れの仕事にはありつけない。目標をどうしたら達成できるか、すこしリサーチしてみて。なにかの講座に通うとか、家族や友だちに手伝ってもらうとか。気持ちが揺らいだら、そのたびにビジョンボードを見て、なぜこういう人生にしたいのか思い出す。成功した自分をイメージして、どんな気分か想像する。幸福感・満足感・達成感・喜び…こういう感覚を心の底から呼びさます。それから目を閉じて、目標に到達した自分をイメージする。これでまた、やる気が出て調子を取り戻せるでしょう。

　いちばん大事なのは「自分には価値がある」、そして「必要なものはみんな自分の中にある」「望む人生をゲットする手段は全部そろってる」って確信すること。あとは適当な分量の"決意"と、かなり山盛りの"集中力"と、"情熱"ひとつまみ、そして"ポジティブさ"が両手に二、三杯あれば、もうだいじょうぶ！

Getting Personal：自分自身に聞いてみましょう…

── あなたのエネルギーは集中してる？　バラけてる？
── 今、いちばん大事な目標は？
── エネルギーをその目標達成に集中させるには、
　　どうすればいい？

sianna   *maz*   *brooke*

don't forget to say *'thank you'*...

「ありがとう」を忘れずに…

nan smith

        感謝は、人生を豊かにする鍵。
それは今あるものを"充分なもの"に、そして"余るほど"にしてくれます。
感謝があれば、否定は受容に、混沌は秩序に、曖昧は明瞭に変わります。
      ただの食事がごちそうに、ただの家が"わが家"に、
            他人が友人になるかもしれません。
感謝は過去を理解させ、今日に平和をもたらし、明日のビジョンを創るのです。
                     〜メロディ・ビーティ

感謝がすべて…

　感謝の気持ちがあれば、ポジティブな姿勢が生まれる。「自分に欠けているもの」から「自分にあるものすべて」に視点が移るんです。わたしはいつも「"感謝"をベースに生きよう」と心がけてます。それは、

treasure yourself

　ポジティブなものにフォーカスして、できるだけ人生と喜びをみんなと分かち合うこと。ぐったり疲れたり、なんだか自分がかわいそうになってきたときは、心の中で「感謝すべきこと」を数えていくんです。雪が降ってるのに水着撮影とか、仕事で午前4時起き、なんていうときだって、感謝の気持ちがあれば耐えられる。「今してることは全部、わたしを目標に近づけてくれてるのよ」と自分に言い聞かせます。「ありがたい！」って思うだけでエネルギーが急激に高まって、"今"の瞬間に戻れるから。

　わたしの人生には、心から感謝したいことがいっぱい。まずトップは、愛する家族と友だち（新旧とりまぜ）の存在。それからオーストラリアに生まれて、あんな美しい自然の中で成長できたこと。しみじみ良かったと思う。世界中を旅して、いろんなすごい場所を見て、異文化を体験したり、おもしろい人たちと出会うチャンスがあったことも、本当にありがたいし。なにより身体が健康で、自分の目で世界が見られて、自分の声で気持ちが伝えられること。そしてこの仕事、出会った関係者全員と、すばらしいサポートチームに深く感謝。ラストは愛しのフランキーちゃん…わたしの人生にさんさんと輝く、太陽みたいな存在でいてくれてありがとう。

　ただ感謝するだけで、ものの見方がガラリと変わることがあります。なんだか調子が出ない日や、計画がうまく運ばなくて夢をあきらめたくなったときは、自分の小さな世界から一歩外に出るんです。そうすると、自分がどんなに恵まれてるかがわかる。みなさんにもおすすめします。広い世界を見渡してみれば、病気で苦しんでいる人も、災害で家や肉親をなくした人も、不況で仕事を失った人もいる。今もどこかで戦争や飢饉だって起きている。"現実"をちゃんと見れば、「元

don't forget to say 'thank you'...

気でふつうに暮らしてるだけでもありがたい」って気持ちになります。これがいわゆる『リアリティ・チェック』。感謝すると、人生をありのままに受けとめて、"今"この瞬間を生きやすくなる。「いろんなものに感謝しよう」って意識的に努力していくと、ハッピーなときが増えて、以前なら落ち込んだりストレスになったことも、そんなに響かない。じつは感謝するって、健康にもいいんです。ありがたいと思うことをひとつひとつ思い出せば、もう過去についてくよくよ考えたり、未来について心配しなくてもよくなります。起きてしまったことは仕方がないし、これから起きることは全部、進んでいく道の一部になるんだから。どうしても感謝する気分になれないときは、ちょっと散歩に出てリアリティ・チェックをすればいい。

　感謝って、ほんのささいな体験から生まれることも。…あるとき、すごく疲れる日で、よけいな仕事まで押しつけられてイライラしたんです。「ちょっとひと息いれて、頭を整理しよう」と楽屋に戻ったら、テレビで映画をやってた。たまたま前の週に見たウィル・スミスの『幸せのちから』。主人公は息子を養うために、必死で仕事を探してる真っ最中。泊まるところもない親子が、公衆トイレの床で一晩すごすシーンでした。それを見たとたん、気持ちがスパッと切り替わったのを覚えてます。「そうだ、人生にまるごと感謝しなきゃ。当たり前なんて思ったらダメ」って。

ネガティブなものに対処する…

　自分や人や、状況の中にネガティブな部分を見つけたら、どうするか。わたしはできるだけ目線を高く上げて、自分をサポートしてくれ

る人たちのことを考えます。世の中にネガティブな人がいるおかげで、自分の周囲のやさしくてすばらしい人の"ありがたみ"がわかるんです。わたしにとってなにより大切なのは、人と自然。いつも見守ってくれる心強い人たちと、あたたかく滋養を与えてくれる自然環境に、愛と感謝の気持ちをどれだけ伝えても足りないくらい。

　もっと感謝の気持ちにフォーカスするための、おすすめの方法があります。『感謝の日記』をつけること。毎日書きとめていくと、日常生活の中の"良いもの"にどんどん気づけるだけじゃなく、「いろんな人に支えられてるなあ」とか、全体像が見えてきて「そうか、わたしはこういう役回りだったんだ」とわかったり。たとえば、自分の住んでるアパートに感謝しながら、気に入ってる点をありったけ書いてもいい。友だちや家族がいることで、どんなに助かってるかを書いてもいい。「けさの朝ごはんは最高においしかった！」なんていうのもオーケー。わたしが特に「ありがたいなあ」と思うのは、家から外に出たとき太陽の光を全身に浴びて、新鮮な空気を胸いっぱい吸い込んだとき。その瞬間を思い出すと感覚がよみがえって、またそこに立ってるような気がするくらい。この日記はクリエイティブに、自由な発想で書くのがいちばん。毎日かわらず感謝できるメインのものが5つあったとしても、そのほかに「ああ、これも感謝できるじゃない！」っていうような、意外なものをぜひ見つけていって。

　ときには、今までに体験したきつい時期をふりかえってみるのも、役に立つでしょう。プライベートや仕事で、チャレンジにぶつかった頃を思い出すと「われながら、よくここまで来たなあ。いろいろあったから成長したのよね」って思えます。

don't forget to say 'thank you'...

Getting Personal：自分自身に聞いてみましょう…

── あなたはなにに感謝してますか？
── 今の生活の、ポジティブな点は？
── どんなもの、どんな人が、刺激や影響を与えてくれる？
── もっとたびたび感謝の気持ちを示すには、どうすればいい？

alison   *lauren*   *leanne*

the glass is always half full...

グラスにはいつも半分入っています…

　ポジティブって、いったいなにが良いんでしょう？　あちこちで目にしますよね、ベストセラーの著者が書いてたり、心理学者が論文で発表したり。もちろん、日常会話にもけっこう出てくると思います。「ポジティブに考えたほうがいいよ」「そのままポジティブでいてね」「ポジティブな姿勢が必要なんじゃない？」…あてはまりそうなときは、ごくふつうに使ってる言葉だけど、実際どういう意味なのか、考えたことはありますか？

　これをわかりやすく教えてくれたのは、江本勝さんがおこなった"水の結晶"の研究でした。彼はエネルギーや思考、言葉、そして音楽が水に与える影響を調べた人。まず世界各地から集めた少量の水を凍らせて、分子構造を撮影したんです。それから同じ水のそばで、愛と感謝の言葉を口にしたり考えたりすると、分子構造が変化して、きれいな雪の結晶みたいになる…そんなすごい発見が！　ネガティブな

言葉を使えば、結晶構造が壊れたり斑点ができたり。水を入れたグラスに「希望」「平和」「ありがとう」「愛してる」などの文字を貼ると、ほとんど即座に影響が出るそうです。「憎しみ」「バカ」「病気」みたいな言葉も同じ。

　科学者たちは、もうとっくに「すべてがエネルギーでできている」ことを証明してます。この世の現象を分解していくと、ぜんぶ原子で構成されてるのがわかる。もっと小さく分解すると、その原子もただの「振動するエネルギー」にすぎない。水もそうだし、わたしたちの身体もそう。この水の研究は、わたしにとても深い影響を与えました。だって平均的な人体は70パーセントが水分なんですよ！　わたしたちの思考も言葉も、身体に深い影響を与える力があるってこと。

アファメーション…

　わたしにとって、マインドにポジティブな考えを注入することは、身体にオーガニックの新鮮な食べ物と栄養素を取り入れるのと同じくらい大切。ベッドサイドにはかならずアファメーションを置いてます。目が覚めたとたん、適当に選んだものを読めるように。ときにはたったひとつでも、その日の気分を決める助けになる。その言葉に"なりきる"、一日中その思いを生きてく感じかな。そうやってアファメーションを生活の一部にすれば、自分が中心からぶれないし、新しいひらめきも受けとりやすいんです。

　ちょっとバランスを崩したようなとき、ポジティブな言葉は"真実"を思い出させてくれる。だから日記のページにも、小さな紙切れにも、あちこちに書きとめています。そして目に入るたびに、読み返す。玄

the glass is always half full...

関ドアの内側にもアファメーションのリストを貼って、外出前に読んでいく。それで精神的にも感情的にも、一日の準備ができるような気がして。わたしの部屋のきれいな木製のタンスには、夢や目標を書いた紙と、行ってみたい場所の写真、ぜひほしいと思ってる"宝物"の写真がしまってあります。

　ポジティブな気持ちは元気をくれる。だから厳しいスケジュールにもついていけるし、やらなきゃならないことにベストを尽くせる。そしてなにより自信が持てて、テンションが上がって、目の前の状況を最大限に利用できる。どんなときも選択肢が見えてきて、パワフルに方向性を決められるんです。意識的にポジティブな見方をしていけば、無力感や「しょうがない」って気分じゃなく、もっと積極的に行動できます。

　ルイーズ・L・ヘイは言葉を美しくつむぐ人。彼女の本やアファメーション・カードからは、愛とあたたかさが伝わってきます。『ライフ・ヒーリング』を読んで、教えられました…わたしたちの"思い"がどれほど強いものか。どんなにヘルシーな食生活や習慣を守ってても、ネガティブな部分があれば、心と身体に不調を招いてしまう。そのうえ、もっと多くのネガティブなものまで引き寄せてしまう。「自分が世界に送り出したものは、自分に戻ってくる」っていう原理です。わたしもネガティブな独り言をつぶやいてたり、あんまり急いで結論を出そうとしてる自分に気づいたら、こう言うんです。「どんな考えに耳を貸したいか、最後は自分で選べるのよ」って。

ドント・ウォーリー…ビー・ハッピー！

　いろんな出来事や状況について、まわりの人の意見だとか、考えはじめたらすぐ心配になりますよね。わたしの業界は特に、心配の材料がいくらでも転がってる。「この撮影、キレイに写ってるかしら」「インタビューでああ答えたのはまずかったかな」なんて、正しい決断をしたはずでも不安になる。わたしもそういう心配で頭がいっぱいになると、"今"この瞬間がちっとも楽しめなくて。だから、どうしても悩みが消えないときは、覚悟を決めてその問題に正面から向き合います。そして考え方を変えていく。自分にこんな問いかけをすると、けっこう役に立つんです。

　1. 心配しなきゃならない理由が、本当にあるのか？　あらためてこう考えると、現実的でバランスのとれた見方をしてるかどうか、わかります。

　2. ストレスを感じる理由が、他にないだろうか？

　3. 最悪の事態が起きるとしたら？「それでもなんとか生きていける」って思えれば、それ以外の結果は受け入れやすくなるでしょう。そうしたら、こんどは「いちばん良い結果になるとしたら」っていう最高のシナリオと、「いちばんありそうな」現実的なシナリオを考えてみる。

　4. もし心配するのをやめたら、どんな気分になるだろう？　こう考えると、"今"この瞬間に戻れるし、「自分を気分良くさせる」っていうチョイスがあるのを思い出せる。

the glass is always half full...

あなたの光を輝かせよう…

　じつは「仕事をやめようか」って真剣に考えたときがあります。なにもかも全然うまくいかない気がして、ずっしり落ち込んで…。あれはパリの仕事から帰った直後。思ったほど成果が出なかったので、「やっぱり才能がないのかな」なんて。でもすべてを放り出してしまう寸前に、頭をよぎったのがママの言葉。電話でおしゃべりしたあと、かならず最後に言うんです。「あなたの光を輝かせてね」って。おかげでわれに返りました。波動の低い考えにとらわれて、あやうく自分の光を消すところだった。

　気持ちが沈んだときは"光をともす"ことを考えます。そういうときこそ、自分に正直なのが大事だって思い出せるから。「わたしは美しくて、すてきで、自信があるのよ」ってみんなを説得しようとしても、あなた自身が心から信じてないとうまくいかない。でも心の光をともして、明るく輝かせれば、暗闇でライトのスイッチを入れたようなもの。自然に、いろんなおもしろい生き物が引き寄せられてくるんです。

　人じゃなく、自分に言い聞かせてみて…「わたしはあったかくて明るい」って。あたたかく明るいあなたには、みんなが惹きつけられます。説得の言葉なんかひとついらない。あなたが自分について、世界について、ポジティブで明るい見方をしていれば、それがたまらない魅力になるんです。「考え方を変えよう。心の光をいつも輝かせよう」。あの晩パリで決心したおかげで、今の自分があると本当に思ってる。考え方を変えたら、感じ方も変わって、自分自身と才能についても新しいとらえ方が生まれて。結局、"現実"そのものが変化したんです。思いつくかぎりのポジティブなものに、周囲をかためてもらえる状況

を選び始めたわたし。自分をもっと尊重するようになったら、人生全体が大きく前向きにシフトした感じ。

　どんな状況も劇的に変えられる方法のひとつは、"心の姿勢"を見直すこと。ママは今でも「あなたの光を輝かせてね」って言ってくれる。それを聞くたびに元気になれるし、人生のあらゆるポジティブな面を見て、感謝できるんです。心の姿勢が本当にすべて。

パワーを見つける…

　この本の後半では、みなさんが自信を持って豊かな人生を送れるように、やる気と勇気を与える"パワー思考"を紹介します。ルイーズ・L・ヘイ、ディーパック・チョプラ、ウェイン・W・ダイアーなど、わたしに良い刺激を与えてくれた方々の言葉です。わかりやすく、みなさんに当てはまるように、わたし自身のアファメーションも添えました。どんな気分でも、どんな状況でも、ひとつぐらいはポジティブなほうへ導いてくれる言葉が見つかるはず。いろんな使い方ができる本なので、以下はおすすめの活用法です。

　1. 変化を起こし、あなたが望むようなポジティブな気持ちを与えてくれる"パワー思考"を見つけてください。

　2. 本を手に持ち、直感の導きにしたがって、読むべきページをパッと開きます。そのページにある言葉が、あなたの状況にポジティブなエネルギーを与えてくれるでしょう。

　3. ページをパラパラめくって、そのときの気分で使いたい"パワー思考"を見つけます。たとえばもっと自信を持ちたいなら、「怖れと疑いをすべて解放します」など。

the glass is always half full...

　4.寝ているあいだに、"パワー思考"で人生を変えてください。寝る前に二、三回読んで、あとは眠りにつくまで心の中で繰り返すだけでオーケー。

　"パワー思考"を最大限に生かすには、なんども繰り返すことが鍵。どんなチャレンジにも立ち向かえるように、心の筋肉を鍛えるエクササイズと思って。ルイーズ・L・ヘイが前に教えてくれました…「自分を束縛するような考えは、かならずアファメーションで方向転換できます」。"パワー思考"はタネまきのようなもの。もしあなたのハートを植えたら、なにが育つと思います？　そのポジティブな考えや願いは、今はまだ実現してないかもしれない。でも、いつかは実現したい。タネをまく勇気が奇跡を起こすんです。さすがに初日からすごい効果は出なくても、着実に続けていけば、きっと心のシェイプアップになるでしょう。

rose marie   *jane*   *lilly*

dream your way to success...

成功への夢を描きましょう

tahli

　寝ることと夢を見るのが大好きなので、「寝てるあいだにパワー思考を使う」っていうのもお気に入りのやり方。夢は問題を解決するのに活用できるんです。英語では「I'll sleep on it（一晩寝て考えよう）」って表現があるくらい。人それぞれ、夢の見方は個性的。パワー思考で夢を"プログラミング"すれば、翌朝、起きたときはもうポジティブな気分になってる。笑顔で新しい日がスタートできるでしょう。

　夢はわたしにとって本当に大切。もう何年も夢日記をつけてます。どんな夢だったか書きとめて、友だちや家族にシェアする。暗号解読みたいに意味を探ってくのも、すごくおもしろくて参考になるし。夢は心のバランスをとってくれるので、内容はすっかり忘れて、感情だけが残ってることも多いんです。友だちのレオン・ナクソンは有名なドリーム・コーチ。夢をプログラミングして、それが昼間の生活にもいい影響を与える…そんなポジティブなアファメーションのシステム

を編み出しました。わたしもよく使ってる。

こんな方法です…

　もし具体的な変化を起こしたくて、そのためにぴったりのパワー思考に心当たりがあれば、まっすぐそのページに飛んでください。そうじゃなくて「とにかく元気になりたい」とか「なんとなく不安な気持ちをどうにかしたい」っていう場合は、適当にパッと本を開いてみて。そのページにある言葉を紙に書いて、一回声に出して読んでから、枕の下に入れる。そして眠りにつくとき、心の中でその言葉をできるだけたくさん繰り返す。朝も、目が覚めたらすぐ繰り返す。アファメーションの効果が絶大になる、パワフルなテクニックです。レオンのカード本からもいくつか、わたしが定期的に使っていい感じだったアファメーションを選んであります。

自分でパワー思考を作る…

　この本の最後には、わたしが自分用に書いたパワー思考も紹介しました。みなさんも自分のニーズにしっくり合う言葉を創ってみて。以下は、効果的な表現にするためのガイドラインです。

　　──「こうなりたい」っていう状態をあらわすフレーズを
　　　選びましょう。

　ダラダラと長い文章より、短くてパワフルな言葉のほうがずっと効果的。

dream your way to success...

　——　かならず現在形にすること。

　たとえば「学校／仕事に情熱を燃やすようになります」じゃなくて、「学校／仕事に情熱を燃やします」。つまり、"現在"の状態を新しくしたい。最初の文だと"将来的に"こうなりたい感じで、いつまでも待ちぼうけになってしまうかも！

　——　ネガティブでなく、ポジティブな視点から書くように。

　たとえば「情熱的になれない仕事はきらいです」っていうのはダメ。はじめから仕事をネガティブな目で見ています。かならずポジティブな言葉を心がけて。「いつも仕事に情熱的になれます」のほうがずっと強力。

　——　かならず一人称で、
　　　　つまり主語は「わたし／自分」にすること。

　それは、あなた自身についてのパワー思考だから。他の人のためにパワー思考は創れない。変えられるのは自分の現実だけ。幸せはまず、あなたの内側から生まれるんです。それから初めてお裾分けしたり、逆にもらったりできる。

進みつづけよう…すべてが可能だから

　この本をいつもそばに置いてください。ベッドサイドに、バッグの中に、机の上に。そして毎朝ひとつでも、ふたつ以上でも、パワー思考を選んでみて。「今日はどれが、目標／夢に向かっていく助けにな

treasure yourself

るかな」っていうのが決め手。

　この本の言葉やアイディアの多くは、わたしの体験だけじゃなく、いろんな人たちの知恵から生まれたもの。まだ27歳なので、この先もたくさんの人生経験が待ち構えてる。もっと多くのチャレンジにも出会うはず。人生は長い道のりだから、つぎつぎにレッスンがきて、小さな旅があって。人の影響もさまざまだと思うんです。そういうとき、これまで学んだことや、これから学ぶことが、きっとわたしを導いてくれる。

　ご紹介するパワー思考の中に、わたしが出会ったときみたいに"心に響く"ものがありますように。そして人生でチャレンジにぶつかったとき、切り抜ける助けになれば幸いです。あの蝶の話を、ぜひ思い出して。どんな手ごわい壁が立ちはだかっても、その向こうにはすばらしいなにかが待ってるんです。

　最後に、これも忘れずに…あなたが『自分を大切に＝Treasure Yourself［本書原題］』すれば、きっと人生もあなたを大切にしてくれるでしょう。

わたしと弟の誕生日には、いつもママが特別なケーキを作ってくれた。3歳のバースデーの写真。

この写真のわたしは 10 歳と半年ぐらい。はじめて学校のダンスパーティに行く日で、すごく緊張してた。今思うと、まだ自分をありのまま受け入れてなかったのね。本当にシャイで、自意識過剰な子だった。

♥ HOW TO BE HAPPY... ALWAYS

DOLLY

NO.1 GIRLS' MAGAZINE

babe wallpaper JTT & Leo

April 1997 $3.60*
NZ $5.20 (Inc GST)

fun ways to burn fat fast
(bust that butt!)

Miranda Kerr, winner! 1997 Model Comp
(she's the one!)

"help, my boyfriend needs a makeover"
five guys get the works

★ **WIN** an intimate night with BRAD

guys go through hell on dates, too (heh heh)

20 filthy facts for Leo lovers

real life "I topped school and had a baby"

quiz could you be a cheat?

fashion cool looks for half the price

モデルになったばかりの頃の一枚。『DOLLY』という雑誌のお仕事。もうすぐ14歳で、まだ本領発揮とは言えないけれど、なんとか自分の殻を脱ぎ捨てようとしていたの。

おばあちゃまとおじいちゃま。もう想像できないくらい、たくさんの恵みをわたしに与えてくれた、本当にすばらしい人たち。ふたりとも心から愛してる。

クリッソ（最初のボーイフレンド）と写したお気に入りの一枚よ。1998年に彼の実家で、これは亡くなる5ヶ月くらい前。

愛犬フランキーと、ニューヨークに引っ越して間もない頃。フランキーはとってもすてきな子なの。

初めてヴィクトリアズ・シークレットで撮影したファッション写真の一枚。場所はベネズエラのロスロケス。ＶＳエンジェルたちと会ったのもこのときが初対面で、みんな本当に美しくて、わたしはまだちょっと自信がなかった。

2006年。VSショーのモデル仲間と、ニューヨークからロサンジェルスに向かう途中で撮った一枚。ヴィクトリアズ・シークレットのファッションショーとしては初仕事。

ロサンジェルスのヴィクトリアズ・シークレトショーに出ているわたし。すごく緊張したけど、同時にとってもワクワクしてた。それまで一歩一歩努力してきたからこそ、自分自身を心地よく感じられるようになったのね。

ニューヨークでチャリティ・イベントがあったとき。すてきな子どもたちと一緒に過ごせて、とても充実した時間だったわ。

ルイーズ・L・ヘイは、長年わたしにインスピレーションを与えてくれた恩人よ。2008年にオーストラリアのシドニーで。

2008年。初めて『Harpers Bazaar』誌の表紙に。UK版で、フォトグラファーはミケランジェロ・ディ・バティスタ。

三度目のヴィクトリアズ・シークレットショーで、初めてエンジェルの翼をつけた。でも本当は蝶の羽だなんて、まったくクレイジーだと思わない?

『V magazine』誌のショット。フォトグラファーはウィリー・ヴァンデルペール。当時、みんなが抱いていたわたしのイメージと全然違うのよね。

Платье из атласа, платье и шорты из хлопка, все **Prada**; юбки из хлопка, все архив студии Warner Bros. LA; туфли из атласа, **Miu Miu**; носки из хлопка, **Raf Simons Archive**.

南フランスで撮影。『VOGUE』誌のお仕事。

KORA Organics by Miranda Kerr

自分でオーガニック・スキンケア製品を作るのが夢だった。オーガニックなものへの愛と情熱が実を結んだ感じ。このラインは個人的にも大好きで、愛用しているのよ。

プラダのファッションショー、2010年ミラノ。なんてすばらしい体験！

バレンシアガのファッションショー、2010年パリ。わたしにとって二度目のバレンシアガ、また参加できて本当に光栄だったわ。

Photo by www.firstview.com

家族との最近のショット。家族がいなかったら今のわたしはいないかも。

最高のママで、最高の親友。いつも無条件の愛をありがとう。

affirmations i love...

大好きなアファメーションたち…

みなさんが綴っていく『人生の台本』にうまく取り入れられますように。
and how you can incorporate them into the script of your life.

i am willing to change

進んで変化を受け入れます
―― louise l. hay (ルイーズ・L・ヘイ)

変化の流れに自由に乗って、あらゆるチャンスを歓迎しよう。
どんどん成長し、新しい体験を積むことで、
ポジティブな考えや行動が生まれやすくなるから。

i flow freely with change and welcome
the opportunities it brings. as i grow and
experience new things i create the space
for positive thoughts and actions to arise.

i stand strong in my personal power

自分のパワーをつかみ、力強く立ちます
— deepak chopra (ディーパック・チョプラ)

わたしは無限の可能性を秘めた、クリエイティブな人間。
ほしいものがあれば、人生にその場所を用意しておこう。
どんなチャンスにも感謝して、つかみとろう。

i am a creative human being with unlimited
potential. i create a space for anything i want
in my life to appear and i appreciate and
seize every opportunity.

i am worth loving

わたしは愛される価値があります
— louise l. hay (ルイーズ・L・ヘイ)

ありのままの自分の個性を尊重し、受け入れよう。わたしは元気で満ち足りた、
価値ある存在。無条件の愛を与え、受けとっていこう。

i honour and accept myself as the unique human
being i am. i am content, alive and worthy.
i give and receive love unconditionally.

i know that my way is not the only way

自分のやり方だけが
すべてではないことを知っています
—— brian l. weiss (ブライアン・L・ワイス)

毎日、宇宙が用意してくれる無限の可能性をオープンに受け入れよう。
どんなチャンスも見逃さず、パワフルに選んでいこう。
そして与えられたものに感謝。

each day i am open to the endless
possibilities the universe has in store for me.
i listen, acknowledge and choose powerfully
what opportunities i take, appreciating
all that is offered.

i am willing to forgive

進んで人を許します
—— louise l. hay (ルイーズ・L・ヘイ)

すぎたことは過去。『許し』から生まれる無限の自由へと踏み出そう。
許していいと心に決めれば、
愛あるオープンな心で新しい可能性と出会っていける。

i put the past behind me and i open my
life to the endless freedom available through
forgiveness. i give myself permission to forgive
and greet the possibilities now available to me
with an open, loving heart.

i uplift everyone i meet

出会う人すべてを高めます
── miranda kerr (ミランダ・カー)

人の長所にフォーカスして、相手にも同じことをうながしていこう。

i choose to focus on people's
positive traits and encourage
them to do the same.

i turn every experience into an opportunity

あらゆる体験をチャンスに変えます
—— louise l. hay（ルイーズ・L・ヘイ）

良い体験も悪い体験も、学んで成長するチャンス。
わたしというユニークな人間を作り、これからも創造しつづける、
すべての人生経験に感謝しよう。

experiences, good or bad, are opportunities to
learn and grow. i acknowledge life's experiences
have and will continue to shape and create the
unique human being i am.

i think before i speak

口に出す前に考えます
—— brian l. weiss（ブライアン・L・ワイス）

言葉の力を認めよう。
人の生き方にインパクトを与えることができる。
口を開く前によく考えて、すべての人にサポートと共感、
そして愛の言葉を伝えよう。

i acknowledge words have the ability to
impact other people's lives. i think before
i speak and i speak words of support,
compassion and love to all.

i trust my inner wisdom

自分の中にある深い知恵を信頼します
—— louise l. hay（ルイーズ・L・ヘイ）

直感が人生を導いてくれる。
心の声は賢くて、自分にとってなにがベストか、
かならず知っているから。

my intuition guides me through my life.
my inner voice is wise and knows
what's best for me.

i cannot be a victim and be happy

犠牲者の気持ちでは、幸せになれません
── robert holden（ロバート・ホールデン）

わたしは夢を実現できるパワフルな人間。
満足で幸せで、制約はなにもない。
毎日、自分らしい人生を送り、夢をかなえることを選択しよう。

i am a powerful human being capable of
achieving my dreams. i am content and happy
with my life. nothing constrains me. i choose
each day to live my life and achieve my dreams.

i deserve the best and
i accept the best now

わたしはベストにふさわしい人間です
だから今、ベストな人生を受けとります
── louise l. hay (ルイーズ・L・ヘイ)

今あるすべてに感謝して、大切にしよう。
いろんなものにパワーをもらいながら、一日一日、望む現実を創っていこう。
人生がくれる最高の部分を楽しもう。
すばらしく充実した生活。わたしはベストにふさわしい。

i appreciate and value all that i have.
i am empowered and i create daily the life
i choose and enjoy the best life has to offer me.
i have an amazing, fulfilling life and
i deserve the best.

my life is supposed to be fun

人生は楽しむためにあります
── esther & jerry hicks（エスター＆ジェリー・ヒックス）

なにをするにも笑いと喜びを注ぎこもう。どんなときも深刻になりすぎず、
精一杯生きていこう。神様がすてきな人生にしてくれる。

i allow my actions to be infused with laughter
and joy. i live my life to the fullest, never taking
any moment too seriously and i am
blessed with an amazing life.

i release all fears and doubts

すべての怖れと疑いを手放します
— louise l. hay (ルイーズ・L・ヘイ)

怖れや疑いから自分を解放しよう。
そんなものは足をつまずかせる障害にすぎないから。
わたしは強く、無限の可能性を秘めている。

i release myself from fear and doubt.
fears and doubts are nothing but stumbling
blocks. i am strong with limitless possibility.

i am flexible

柔軟に生きます

— deepak chopra（ディーパック・チョプラ）

どんな状況にも自由自在に対応できる。
すべての流れに乗っていこう。

i am bendable and pliable and flow
freely with all that the universe offers.

my life works beautifully

人生は完璧に進んでいます
— louise l. hay (ルイーズ・L・ヘイ)

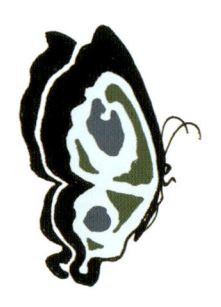

毎日の、自然なバイブレーションに合わせていこう。
宇宙はちゃんと必要なものを提供してくれる。
すばらしいこの人生こそ、ごほうび。

i am content to flow with the vibration
of life and the universe provides justly for me.
i am rewarded with a beautiful life.

i don't make assumptions

物事を勝手に決めつけません
——— don miguel ruiz (ドン・ミゲル・ルイス)

どんな状況にもパワフルに対処しよう。
事実にもとづいて、正直に誠実に決めていこう。
勝手な思い込みを持たず、事実をよく見てどうするか選ぼう。

i am powerful when dealing with situations
and base all my decisions on fact, honesty and
integrity. i do not assume, but choose powerfully
after consideration of all facts.

every thought i think is creating my future

ひとつひとつの思いが未来を創ります
— louise l. hay（ルイーズ・L・ヘイ）

いつも、ポジティブでパワフルな思いから行動しよう。
人に信じてもらえるよう語りかけ、
相手も自信を持てるよう励まそう。

every action i take comes from a positive
and empowering thought. i encourage others
to believe in me while empowering others
to believe in themselves.

i feel no guilt when i say no to someone

だれかにノーと言っても、罪悪感は持ちません
―― brian l. weiss（ブライアン・L・ワイス）

毎日、生き方をパワフルに選び、クリエイトしていこう。
すべては自分とみんなのためにと願って。
自分の判断と決断を信じよう。

i create daily and choose powerfully the
way i live my life. everything i do is done for the
higher good for myself and for others. i trust in
my judgement and in the decisions i make.

*i release the need for
struggle and suffering*

がんばりすぎる自分を解放してあげます
—— louise l. hay（ルイーズ・L・ヘイ）

どんな幸せも受けとっていい。
困難や苦労のない人生を創っていこう。すべての恵みに感謝しよう。
この自分と、今あるもの、将来達成するものを誇りにして、堂々と生きていこう。

i deserve every happiness and i create my
life free of hardship and suffering. i am truly
blessed. i stand tall and proud of who i am
and all that i have and will achieve.

*i am surrounded by love
and light everywhere*

どこにいても、愛と光に包まれています
—— miranda kerr（ミランダ・カー）

影があれば、かならず光の源もある。
自分をいつも包んでくれている光と愛を、忘れずにいよう。

wherever there are shadows there is always
a source of light. i cherish the light and love
that constantly surrounds me.

i am flexible and flowing

しなやかに流れるように生きます
―― louise l. hay (ルイーズ・L・ヘイ)

どの瞬間も喜んで迎えよう。
ワクワクするようなすばらしい人生が見えてくる。
生きることは冒険。
どんな流れにも自由に乗っていこう。

i welcome each moment as it comes
and life opens up in wonderful and exciting ways.
my experience of life is an adventure and
i flow freely with it.

my life is too short not to do what i love

短い人生、好きなことは我慢しません
— robert holden (ロバート・ホールデン)

人生はわたし次第。
毎瞬を大切に生きれば、望むものはちゃんと用意される。
自分のしていることを愛し、愛することをしていこう。

my life is what i make it out to be.
i am present and living in the moment and
anything i want for my life is waiting for me.
i love what i do and i do what i love.

i release all criticism

すべての批判を手放します
—— louise l. hay (ルイーズ・L・ヘイ)

だれにでも自分の意見を持つ資格がある…
このことを感謝しつつ受け入れよう。批判もただの意見。
どう反応するか、愛を持ってパワフルに決めよう。

i appreciate and accept that everyone is
entitled to their own opinion. criticism is just
that: nothing more, nothing less. i choose
powerfully and with love how or whether i react.

my mind is tranquil.
i allow peace into my life

心は静かに澄んでいます
人生に平和を受け入れます

―― leon nacson（レオン・ナクソン）

世界を安らかに受け入れて、静けさに包まれよう。
生きていることの至福に浸ろう。

i am at peace with my world and tranquility
surrounds me as i bask in the glory of my life.

when i decide to be happy,
i attract great things in my life

幸せになろうと決めれば、
すてきなものを人生に引き寄せます
—— robert holden（ロバート・ホールデン）

このすばらしい人生は幸福と愛にあふれ、
うれしい喜びを与えてくれる。
すてきなものも自然に引き寄せられる。
今あるものは、自分でクリエイトしたものばかり。

i have a beautiful life filled with happiness
and love and i am rewarded with all the joy life
can offer. i naturally attract great things in my
life. everything i have, i have created.

there is plenty for everyone, including me

自分にも、みんなにも、
すべてが充分に行きわたります
—— louise l. hay（ルイーズ・L・ヘイ）

人生はわたしを豊かにサポートしてくれる。
必要なものは宇宙が与えてくれる。
しっかりと現在にいながら人生を創造し、
あるものすべてに感謝しよう。

life supports me in its abundance and
the universe provides for me. i create my
life living powerfully in the present
and appreciate all that i have.

i take the win-win approach

ウィン＝ウィン（両方勝ち）のアプローチでいきます
——stephen r. covey（ステファン・R・コヴィー）

人生はみんなに豊かさを与えるもの。
心をひらいてチャンスや喜びを分かち合おう。
そうすれば宇宙は、たがいにとってさらにすばらしいチャンスをくれる。

life abundantly provides for all. as i open
my heart and soul and share my opportunities
and rewards, the universe provides even greater
opportunities for me and others.

i love and approve of myself

自分自身を愛し、認めます

――louise l. hay（ルイーズ・L・ヘイ）

あるがままの自分に安心しよう。
自分を愛し、認め、人と違う個性を受け入れよう。

i am secure in my own skin. i love and approve
of myself and i accept my own individuality.

*there is nothing about my age
that prohibits me fulfilling my dreams*

年齢は、まったく夢をかなえる妨げになりません
―― wayne w. dyer（ウェイン・W・ダイアー）

夢は今、とても大切。イマジネーションとパワーを無限に広げよう。
夢の実現はなにものにも邪魔できない。

my dreams are important to me right now.
my imagination and power are limitless.
nothing can stop me from achieving my dreams.

i accept my uniqueness

自分の個性を受け入れます
—— louise l. hay (ルイーズ・L・ヘイ)

だれとも違う自分の個性とユニークさを愛し、受け入れていこう。
人と比べたりしない。このままで自信があるから。

i love and appreciate my own individuality
and uniqueness. i do not compare myself with
anyone or anything as i am confident in who i am.

i am patient

わたしは忍耐力があります
—— deepak chopra (ディーパック・チョプラ)

辛抱づよく、愛情深く、やさしい人間でいよう。
いつもちょうど良いときに、ちょうど良い場所にいる。
そして宇宙が必要なものを与えてくれる。

i am patient, loving and kind.
i know that i am in the right place at the
right time and the universe will provide.

i am a vibrant, healthy and joyful being of light and love

わたしは元気で健康で喜びあふれる、
愛と光の存在です

―― miranda kerr (ミランダ・カー)

全身の細胞から、愛と健康と喜びのエネルギーを発しよう。

every cell in my body radiates
with love, health and joy.

it's okay to be lonely now and then

ときには寂しく感じても大丈夫です
——louise l. hay (ルイーズ・L・ヘイ)

ひとりで過ごす時間を作ろう。
なにが大切か、人生をどうしたいか、じっくり考えよう。
心を養う時間をとれば、安心できる。

i take time out to be alone. i reflect on what's
important and what i want for my life. i take time
to nurture my soul and i'm at peace with myself.

*i have faith in my ability
to manifest my desires*

願いをかなえる自分の力を信じています
——deepak chopra（ディーパック・チョプラ）

毎日、いろいろな夢や願いを実現していこう。
夢をかなえる自分の力を信じよう。

i manifest my dreams and desires daily and have
faith in my abilities to achieve my dreams.

i now create a wonderful job

今すぐ、すばらしい仕事を生み出します
―― louise l. hay（ルイーズ・L・ヘイ）

自分の世界は自分で創っている。
新しいチャンスは受け入れよう。
与えられた才能に感謝して、日常という冒険に乗り出していこう。

i create my world and i am receptive to
new opportunities. i am gifted, talented and
grateful as i embark on the adventure
of creating my life daily.

i make and keep commitments

物事に本気でコミットし、やり通します
——stephen r. covey（スティーブン・R・コヴィー）

自分に対しても、他人に対しても、
決めたことや約束したことは大事にしよう。

i honour my word and the commitments
i make to myself and to others.

loving others is easy when i love and accept myself

自分を愛し、受け入れていれば、
人を愛するのも簡単です
——louise l. hay（ルイーズ・L・ヘイ）

わたしの愛は人々へ自由に流れていく。
自分を愛し、尊重し、認め、受け入れているから。

my love flows freely to others as i allow myself to
love, respect, appreciate and accept myself.

everything i lose is found again;
everything that is hurt is healed again

失ったものは、また見つかります
傷ついたものは、また癒されます
—— caroline myss（キャロライン・メイス）

この世界の出来事はみな、意味があって起きている。
どんな変化も体験も、自分が学んで成長するため、
歩むべき道へと導いてくれる。

everything in my world happens as it's meant
to happen. each change or experience
teaches me to grow and leads me to the
path i am meant to take.

i express my creativity

創造性を表現します
—— louise l. hay (ルイーズ・L・ヘイ)

わたしはクリエイティブ。
イマジネーションや才能や能力をどんどん生かして、創造性を表現しよう。
クリエイティブな部分こそ、本当の自分なのだから。

i am creative. i express my creativity by allowing
my imagination, talents and abilities to flow.
my creativity is a true expression of who i am.

i live a harmonious life

調和のとれた人生を送ります
―― miranda kerr (ミランダ・カー)

すばらしい家族と、すてきな友だちと、
心地よい楽しみと、豊かさと、知恵…
いろいろな部分がうまく調和した人生を送ろう。

i have an incredible family, great friends,
sweet pleasures, abundance and wisdom
and i lead a harmonious life.

i am open and receptive to new avenues of income

新しい収入の道を、
オープンになって受け入れます
── louise l. hay (ルイーズ・L・ヘイ)

限界はない。あるとすれば自分のイマジネーションの範囲だけ。
いつも感謝を忘れず、能力を発揮して、
オープンで豊かで恵まれた生き方をしよう。
チャレンジを受け入れ、チャンスとして見よう。

i have no limits; i am only limited by my
imagination. i am grateful, capable, open,
abundant and blessed. i embrace life's
challenges and see them as opportunities.

every day i am a new person

毎日、新しい人間になります

―― brian l. weiss（ブライアン・L・ワイス）

一日ごとに、望む人生を創っていこう。
自分を制限していた過去の考えから自由になって、
輝く星に手をさしのべよう。

each day i create the life i desire.
i am free of any limiting past beliefs as
i reach for the stars and create my life.

i make healthy choices

健康的な選択をします

―― louise l. hay （ルイーズ・L・ヘイ）

身体はいつも根気づよく働いて、わたしを守ってくれる。
だから健康に良いものを選び、いたわってあげよう。
この身体にふさわしい滋養と愛と尊敬でサポートしよう。

my body works tirelessly to protect me. i nourish
it by making healthy choices and i support it with
the goodness, love and respect it deserves.

i am grateful for all that i have in life

人生にあるものすべてに感謝します

—— deepak chopra (ディーパック・チョプラ)

感謝と豊かさと愛のかたまりになろう。
この人生は本当に大切。とても恵まれている。
今の自分にあるものも、自分という人間もすべて、
感謝のパワーから生まれた。

i am gratefulness, abundance and love.
i cherish my life and i am truly blessed.
all that i have and all that i am comes
from the power of being grateful.

whatever happens,
i know i can handle it

なにが起きようと、かならず乗り切れます
—— louise l. hay (ルイーズ・L・ヘイ)

自分の身体にそなわっている知恵を信頼しよう。
そして宇宙を信頼しよう。直感に従えばいい。
手に負えない出来事を、与えられるはずはないのだから。

i trust in my body's innate wisdom and
i trust in the universe. i follow my intuition
and i know that nothing is put before
me that i cannot handle.

i enjoy the friendship and companionship of others

友だちや仲間とのふれあいを楽しみます
―― leon nacson（レオン・ナクソン）

新しい友人を歓迎し、今ある関係を深めていこう。
ときには人のニーズや夢のことも考えて、喜びを分かち合おう。

i welcome new friends and reinforce existing
relationships. i find time to consider the needs
and dreams of others and share in their joy.

blaming others doesn't solve anything

人を責めても解決にはなりません
—— louise l. hay (ルイーズ・L・ヘイ)

自分の人生に創りだしたものは、自分で責任を持とう。
過去のあやまちで人を責めたりしない。
この人生もいろんな経験も、わたしが創造主＝クリエイターなのだから。

i take responsibility for everything
i have created in my life. i do not blame others
for past mistakes. i am the creator of my
life and my experiences.

*i will love where
i am right now*

今いるこの場所を愛します
—— esther & jerry hicks（エスター＆ジェリー・ヒックス）

自分の今いる場所は、いつだってパーフェクト。
宇宙を信頼しよう。起きるべきことは、かならず起きる。

i am in the perfect space where i am meant
to be right now. i trust in the universe.
all that's meant to be will be.

i have friends i can talk to

話せる友だちがいます
—— louise l. hay (ルイーズ・L・ヘイ)

友だちには、気持ちをオープンに打ち明けられる。
おたがいに支え合い、友情を深めながら、
人生のすべてを味わっていこう。

i express myself fully and openly with
my friends. i support them and they support
me as we grow in our friendship and
experience all that life offers us.

everything i am searching for is within me

求めるものは、全部わたしの中にあります
—— miranda kerr (ミランダ・カー)

自分が愛になれば、愛を与えられる。
喜べば、喜びを与えられる。幸せなら、幸せを与えられる。
必要なものはすべて、内面にあるから。

in being love, i give love, in being joy,
i give joy, in being happiness,
i give happiness. everything i need is within.

*i don't have to be a slave to
makeup or the latest fads.
i can just be myself*

最新の流行やメイクの奴隷にならなくても、
自分らしくあればいいのです
—— louise l. hay (ルイーズ・L・ヘイ)

自分にあるものも、ないものも、全部がそれでパーフェクト。
表面的なものが価値を決めるわけじゃない。
そのままの自分に満足して、ハッピーでいよう。

i am perfect in all that i am and all that i am not.
nothing external to me determines my self worth.
i am happy and content in being me.

i love and honour my creativity

自分の創造性を愛し、尊重します

―― deepak chopra（ディーパック・チョプラ）

わたしは無限の可能性を秘めた、クリエイティブな人間。
自分の創造性を愛し、世界とどんどん分かち合っていこう。

i am a creative human being with unlimited
and unrestricted potential. i love my creativity
and share it freely with the world.

i surpass other people's opinions of me

人からどう評価されようと、乗り越えます
—— louise l. hay （ルイーズ・L・ヘイ）

ありのままの自分のすばらしさと、限りない可能性を信じて生きていこう。
人に認めてもらわなくていい。
自分を愛し、認め、尊重し、プライドを持とう。

i live my life knowing that who i am is an amazing
human being with unlimited potential. i do not
need the approval of others. i approve, love and
respect myself and i am proud to be me.

whatever i can imagine,
the universe can deliver

心にイメージできるものは、
かならず宇宙が与えてくれます
—— esther & jerry hicks (エスター&ジェリー・ヒックス)

宇宙を信じよう。制限しているのは自分のイマジネーションだけ。
人生のために舞台を用意すれば、
あとは願いどおり宇宙が手配してくれる。

i trust in the universe and know i am
limited only by my imagination. i create the
space for my life to appear in and the
universe delivers all that i ask for.

i conduct myself honourably at all times

いつも自分の行動に誇りを持ちます
—— louise l. hay（ルイーズ・L・ヘイ）

愛情深く、正しく、思いやりのある行動を。
自分がこうしてほしいと思う態度で、人に接しよう。
礼儀と敬意と品格を持って。

i am a loving, honourable and compassionate
human being. i treat others as i deserve to be
treated; with honour, respect and decency.

wellness is my natural state.
disease is an imposter

健康なのが自然、病気は偽りのわたしです
—— caroline myss（キャロライン・メイス）

ハートと魂はたっぷりと滋養を受け、マインドは集中して活発で、
スピリットは空高く舞い上がる…あらゆる面ですこやかなわたし。
健康でハッピーで満足。

my heart and soul are nourished, my mind is
focused and active and my spirit soars as
i bask in the wellness of my being.
i am healthy, happy and content.

i am happy with my weight

この体重で問題なし！
── louise l. hay（ルイーズ・L・ヘイ）

自分の身体を大切にして、唯一無二の人間であることを受け入れよう。
まったく同じ人は他にいないのだから。
ありのままの自分でハッピー。

i nourish my body and accept that i am a totally
unique human being – no one else is exactly the
same as me. i am happy with who i am.

i demonstrate love through my actions

愛は行動で示します

―― miranda kerr（ミランダ・カー）

なにをするときも、悪意や批判を込めないように。
行動と思いやりの言葉で愛を示そう。

everything i do is without malice or judgment.
i show my love through my actions and
through words of compassion.

it's okay to be sad sometimes

ときには悲しくなってもいいのです
—— louise l. hay (ルイーズ・L・ヘイ)

良いことも悪いことも、この世のすべてがわたしを創る。
すべての感情を味わっていこう。
悲しみは、今あるものに心から感謝するチャンス。

everything in my world, good and bad,
creates who i am. i allow myself to experience
all emotions. sadness grants me the opportunity
to fully appreciate all that i have.

i am free to create success in my life – it's my choice

思いのまま、人生を成功させていけます
…それが自分の選択です
—— deepak chopra (ディーパック・チョプラ)

日ごとに成功を生み出していこう。
ひとつひとつの決断とチョイスが世界に影響する。
ベストを尽くせば、望むような成功できちんと報われる。
だから精一杯生きていこう。

i create my success daily, every decision
every choice i make impacts the world. i live my
life to the fullest knowing that i am the best that
i can be and i am justly rewarded with
the success i choose.

i respect other people's boundaries

他の人の境界線を尊重します
―― louise l. hay (ルイーズ・L・ヘイ)

ひとりひとりの個性を認めよう。
相手のチョイスを尊重すれば、こちらのチョイスも尊重される。
おたがいに正直で、敬意を持ち、理解し合う、
ヘルシーな関係性を創っていこう。

i acknowledge each human being's uniqueness.
i respect other people's choices and in turn
my choices are respected. i develop healthy
relationships based on mutual respect,
honesty and understanding.

i am immune to others' opinions

まわりの意見には影響されません
—— don miguel ruiz (ドン・ミゲル・ルイス)

ひとりで決断できて、パワフルに生き方を選べる、
そんな自立した人間でいよう。
まわりの意見には感謝と敬意を払う。
でも最後は自分で決める。

i am my own person capable of making my
own decisions and choosing powerfully how i live.
i appreciate and respect what others have to say
but ultimately i choose how i live my life.

i am grateful for each day

毎日に感謝します
―― louise l. hay (ルイーズ・L・ヘイ)

○○な自分にも、△△でない自分にも感謝しよう。
与えられた人生に感謝し、自分にあるもの／ないものに感謝しよう。
呼吸ひとつも大切な恵み、ただ生きている喜びをかみしめるチャンス。

i am grateful for who i am and who i am not.
i am grateful for the life i have been given and
for all that i have and all that i don't. every breath
i take is a blessing and an opportunity to fully
experience the sheer joy of being alive.

my life has meaning and purpose

この人生には意味と目的があります
── deepak chopra (ディーパック・チョプラ)

わたしは生きて、元気で、なりたい自分にフォーカスしてる。
世界に影響を与えている。
人生には意味と目的があるのだから、与えられるすべてを愛していこう。

i am alive, vibrant and focused. i make a
difference in this world. my life has meaning
and purpose and i love all that life offers me.

i care about mother earth

母なる地球を大切に思っています
— louise l. hay (ルイーズ・L・ヘイ)

宇宙は必要なものをかならず与えてくれる。
この地球を尊重し大切にしながら、美しい自然に抱かれよう。

the universe provides for my every need.
i respect and honour our planet as
i bask in the glory of nature.

*i feel passionately about my life,
and this passion fills me with
excitement and energy*

生きることに情熱を感じます
この情熱がわたしをワクワクさせ、
元気にしてくれます

—— wayne w. dyer（ウェイン・W・ダイアー）

人生は刺激的。
目標に情熱を持ち、宇宙がくれるチャンスにワクワクしよう。

life excites me. i am passionate
about my goals and excited by the
opportunities the universe provides.

my happiness is an inside job

幸福は心の問題です
— louise l. hay（ルイーズ・L・ヘイ）

満足でハッピーな気持ちでいよう。
今あるものすべて、自分という人間のすべてに愛と感謝を。
毎日、幸せになることを選択すれば、自分と世界に安心できる。

i am content and happy. i love and appreciate
all that i have and all that i am. i choose my
happiness daily and i am at peace with
myself and my world.

i feel compassion towards myself and others

自分にも他人にも思いやりを忘れません

―― miranda kerr（ミランダ・カー）

わたしは思いやりがあって、愛情深くて、才能ある人間。
いつもベストの自分を生き、
できるところから変化を起こしていこう。

i am a compassionate, loving and gifted
human being. i live my life being the best i can
be and making a difference where possible.

i maintain a positive attitude

ポジティブな気持ちを保ちます
—— louise l. hay（ルイーズ・L・ヘイ）

息を吸うたび、ポジティブなエネルギーを引き入れよう。
良い体験も悪い体験も、自分という存在が成長し大きくなるチャンス。
それにどう反応するか、パワフルに選んでパワフルに動こう。

i breathe positivity into my life with every breath
i take. i see every experience, good and bad,
as an opportunity to grow and expand my existence.
i choose powerfully how i react and
i react powerfully to all that life offers me.

nothing is random or pure chance

純粋な偶然はありません
――― deepak chopra (ディーパック・チョプラ)

この人生のクリエイターはわたし。
偶然に起きることなんてない。
ひとつひとつの考えや行動から反応が生まれる。
言葉や思考に気をつけよう。
それらが世界を創っていくのだから。

i am the creator of my life. nothing happens by chance. every thought, every action has a reaction. i choose my words and my thoughts carefully as they create my world.

i trust life

人生を信頼します
— louise l. hay（ルイーズ・L・ヘイ）

変わりゆく人生のリズムに乗って、ゆうゆうと流れていこう。
毎日の体験を形づくる宇宙の法則を信じよう。
わたしは本当に恵まれているのだから。

i flow freely as the rhythm of life unfolds before
me. i trust in the universal laws that create my
experience daily and know that i am blessed.

*the world is full of people
who would love to assist me*

世界には、喜んで力を貸してくれる人が大勢います
── wayne w. dyer（ウェイン・W・ダイアー）

助けを求め、差し伸べられた手を受け入れよう。
いつかきっと、その善意と愛にお返しできるときがくるから。

i ask for and accept an outstretched hand.
a time will come when i will give back to others
the goodness and love that has been given to me.

each day is a new opportunity

毎日が新しいチャンスです
— louise l. hay（ルイーズ・L・ヘイ）

一日ごとに新しいチャンスや体験がやってくる。
今しかないのだから、今日も精一杯生きよう。
わたしは元気で、熱心で、活発だ。

each day brings new opportunities and
experiences. all i have is now and
i choose to live life fully today.
i am vibrant, enthusiastic and alive.

i am proud to be a woman

女性であることが誇りです
—— miranda kerr (ミランダ・カー)

官能的で、やさしくて、思いやりがあって、約束を守る女性。
そんな自分を愛していこう。

i am a sensual, nurturing and compassionate
woman. i am a woman of my word
and i love who i am.

my family totally supports me in fulfilling my dreams

家族はわたしの夢を心から応援してくれます
—— louise l. hay（ルイーズ・L・ヘイ）

いつも支え、愛し、理解してくれる家族。
夢の実現もみんなでサポートしてくれる。
i am supported, loved and appreciated.
my family supports me in achieving my dreams.

being myself involves no risks.
it is my ultimate truth,
and i live it fearlessly

自分らしく生きることにリスクはありません、
それが究極の真実だから、怖れません

── wayne w. dyer（ウェイン・W・ダイアー）

怖れずに決意しよう。まぎれもない自分の人生を送ること。
リアルで、本物で、真実のわたしを生きること。
自分こそ究極の真実。

i am fearless in my resolve to live my life
being nothing but me. i am real, authentic
and true. i am my ultimate truth.

i listen to my body

身体の声に耳を傾けます
—— louise l. hay（ルイーズ・L・ヘイ）

数えきれないほどの細胞が、一致団結してわたしを守ってくれる。
そんな身体へ感謝のしるしに、時間をさいて栄養と休息を与えよう。
なにがほしいかちゃんと聞いてあげよう。

my body is made up of trillions of cells working in
unison to safeguard me. i appreciate my body and
take time out to nourish, rest and
to listen intently to its needs.

my outlook on life is unlimited

わたしの人生は前途洋々です
—— deepak chopra （ディーパック・チョプラ）

限界はない…あるのは無限の可能性。
人生になにを望むか決めていこう。
ほしいものは手に入る。自分を信じれば、魔法が起きるから。

i have no limits – i am limitless. i decide what
i want from life and everything i want is available
to me. i believe in me and magic happens.

i love to exercise

身体を動かすことが大好きです
— louise l. hay (ルイーズ・L・ヘイ)

この身体は唯一のもの。
身体の声を聞き、大切に思うなら運動しよう。
自分を尊重し、好きなことをさせてあげればマインドも強くなる。

my body is unique. i listen to my body and
honour it by taking time out to exercise.
i respect myself and empower my
mind by doing things that i love.

i love writing the script of my life

人生の台本を書くのが大好きです

—— miranda kerr（ミランダ・カー）

情熱を一心にかたむけて、日常の生活をクリエイトしよう。
どの瞬間にもペンを握って、奇跡とワクワクに満ちた
『人生』という名の台本を書いていこう。

with passion and dedication i create my life daily.
with the pen poised at every given moment i write
the exciting, miraculous script that is my life.

all is well in my world

わたしの世界はすべて順調です
—— louise l. hay（ルイーズ・L・ヘイ）

まわりの世界で起きることはみな、
自分にとっていちばん良いことだと信じよう。
ひと呼吸ごとに創っていこう…感謝して大切にできる世界を。

i trust that whatever happens in my world,
happens for my highest good. every breath
i take creates my world; a world
i appreciate and cherish.

i compliment and praise others,
which enriches both of our lives

相手をほめて敬意を示します
どちらの人生も豊かになるように
—— deepak chopra（ディーパック・チョプラ）

自分にとって特別な人々には、ちゃんとお礼を言おう。
魂を豊かにしてくれるような愛に気づき、感謝しよう。

i take time to acknowledge people for the gift
they are in my life. i recognise and appreciate
the love that enriches my soul.

i am surrounded by loving, helpful people

まわりは愛情深く、力になってくれる人ばかりです
── louise l. hay（ルイーズ・L・ヘイ）

人との関わりは、本当にありがたいレッスンを与えてくれる。
出会う人すべてに感謝しよう。
きっとなにかを教えてくれるから。

every human interaction brings a lesson
to my life for which i am eternally grateful.
i acknowledge and appreciate everyone who
crosses my path as all will teach me something.

it's never too late to create a new body

新しい身体を創るのに、
遅すぎるということはありません
—— caroline myss（キャロライン・メイス）

わたしはすばらしい人間。
日ごとに思考と感情で自分をクリエイトしていく。
今日も明日も『わたし』を創り、できたものに満足しよう。
このままで完成された、申し分なくパーフェクトな存在だから。

i am an incredible human being. every day
by my thoughts and feelings i create who i am
for myself. i create 'me' today and tomorrow and
i am happy with my creation. i am whole,
complete and perfect just as i am.

it's okay to ask for help

助けを求めてもいいのです
—— louise l. hay (ルイーズ・L・ヘイ)

人からの愛とサポートを喜んで受けよう。
信頼して自分をさらけだし、
全部ひとりでやらなくてもいいと認めよう。

i willingly receive the love and support of others.
i allow myself to trust and to be vulnerable and
accept that i do not have to do it all on my own.

*i recognise and express
my unique talents*

独自の才能を見つけ、表現していきます
— deepak chopra (ディーパック・チョプラ)

わたしには驚くべき才能がある。
その豊かな恵みを家族や友だち、社会全体と分かち合い、
みんなの役に立つことを願おう。

i am blessed to have unique and amazing talents.
i share the richness of these gifts with my family,
friends and society and hope it will benefit all.

i am willing to learn new things

新しいことを進んで学びます
―― louise l. hay（ルイーズ・L・ヘイ）

人生のもたらす新しい体験から、
いつも喜んでなにかを学び、成長していこう。
すべての中に感謝すべきレッスンがある。

i am willing to learn and grow in each
new experience that life offers me.
there is a lesson in everything
for which i am grateful.

a shift happens when i let go

なにかを手放したとき、シフトが起きます
—— robert holden（ロバート・ホールデン）

過去の状況にしがみついていると、なかなか成長できない。
古い傷は手放していこう。
毎日が新しい始まり、成長のチャンスだから。

holding on to past situations inhibits my growth.
i choose to let go of past hurts. each day is a new
beginning and an opportunity to grow.

i am my own best friend

わたしは自分自身の親友です
―― louise l. hay （ルイーズ・L・ヘイ）

自分という人間と、その代表するもの、信じるものを認めてあげよう。
いちばんの親友でいたいし、自分であることが大好き。

i approve of who i am, what i stand for
and what i believe in. i am my own
best friend and i love being me.

i am excited and stimulated to act

行動することはワクワクします
—— leon nacson （レオン・ナクソン）

朝、目を覚ますたびに新しい一日というチャンスを深く吸い込み、
元気でよかったと感謝しよう。
人生そのものがわたしをイキイキさせる。

as i wake i breathe in the opportunity of each
new day and i am grateful for the energy i have.
i am enlivened by life itself.

i stop and smell the flowers today

今日は立ち止まって花の香りを楽しみます
── louise l. hay（ルイーズ・L・ヘイ）

したいことをするために、ちゃんと時間をとろう。
すばらしい自然に囲まれてみよう。
自分にもこの世界にも安心できるように。

i take time out to do the things in life that
i want to do. i surround myself in the glory of
nature. i am at peace with myself and the world.

i have realistic expectations of others, and they deal with me in the same way

人に過大な期待をしなければ、相手も同じように接してくれます
── deepak chopra（ディーパック・チョプラ）

むしろ期待ではなく、感謝の世界に生きよう。
そうすれば仲良くやさしい人間関係になる。

i live in the world of appreciation,
not expectation, and my relationships
are harmonious and loving.

i am happy calm and peaceful inside

心はハッピーで穏やかで平和です
—— louise l. hay (ルイーズ・L・ヘイ)

どんなときも、心でどう感じるか、外へどう反応するか、意識的に選んでいこう。
人生に望むものすべてを、受けとる資格があるのだから。
ネガティブな気持ちにはとらわれない。
心はいつもハッピーで穏やかで平和。

i choose how i feel inside and how i react
at all times. i am worthy of anything i ask for
from life. i believe in me. i don't let negativity
get to me; i am happy, calm and peaceful inside.

i release ill feelings toward others without seeking retribution

人への敵意は解放し、報復など求めません

―― leon nacson（レオン・ナクソン）

わたしは許し、愛していこう。
過去のことは現在にも未来にもインパクトを与えない。
もう先へ進んでいい。これまでの敵意はすべて消え去り、かわりに受け入れ
愛する気持ちになろう。

i am forgiveness and love, and i move forward
knowing the past does not impact on me or my
future. every ill feeling i have had is removed
and replaced by acceptance and love.

my income is constantly increasing

収入はどんどん増えています
—— louise l. hay (ルイーズ・L・ヘイ)

宇宙は必要なものをなんでも与えてくれる。
だからあらゆる可能性とチャンスを歓迎し、オープンに受け入れよう。
その結果は、富と豊かさ。

the universe provides me with everything i need.
i am welcoming and open to all possibilities
and opportunities it provides. as a result
i am prosperous and abundant.

*every relationship teaches me something
valuable about myself and others*

どんな人間関係も、
おたがいについて大切なことを教えてくれます
 ── deepak chopra（ディーパック・チョプラ）

たえず新しいなにかを学び、
いろんな人と助け合えるように、いつもオープンでいよう。
人間関係を結ぶたび、自分や相手についてまた勉強ができるのだから。

i am open to continually learning new
things and being contributed to and contributing
to others. every relationship i forge grants me
an opportunity to learn new things
about myself and others.

i trust my future to be positive

未来は明るいと信じます
—— louise l. hay （ルイーズ・L・ヘイ）

日々、ポジティブで愛に満ちた未来を創っていこう。
i create my future daily,
filled with positivity and love.

i am sensitive to the thoughts and feelings of others

人の考えや気持ちには敏感です
—— deepak chopra（ディーパック・チョプラ）

大切な人たちには気持ちを率直に伝えよう。
みんなの考え、ニーズ、感情に気を配ろう。

i communicate my feelings freely with those
i love and i am sensitive to the thoughts,
needs and feelings of others.

i appreciate everything in my life

暮らしの中のすべてに感謝します
―― louise l. hay（ルイーズ・L・ヘイ）

いつも宇宙は、すばらしくありがたいチャンスを与えてくれる。
ときには時間をとって家族や友人に感謝しよう。
そうすれば人生は満ち足りてハッピーになる。

the universe provides me with incredible
opportunities for which i am grateful. i take time
out to appreciate my family and friends and my
life is filled with contentment and happiness.

i release all anger because anger harms me

すべての怒りを解放します。怒りは自分を傷つけるから
── brian l. weiss（ブライアン・L・ワイス）

怒りがわいてきたら、まずそれを味わおう。
ちゃんと認めたうえで自分の中から解放し、自由になろう。

i allow myself to experience anger when it arises.
i acknowledge it then release it from
my being so that i am free.

my healing is already in process

わたしは癒されはじめています
— louise l. hay（ルイーズ・L・ヘイ）

この身体はひとつの奇跡。
ハートから愛が流れ出し、マインドと身体と魂とスピリットを
きれいに浄化していくのをイメージしよう。
わたしは健康で元気いっぱい。

my body is a miracle. i visualise
love flowing from my heart, washing and
cleansing my mind, body, soul and spirit.
i am healthy and full of energy.

my life is full of possibilities

人生は可能性に満ちています

―― deepak chopra（ディーパック・チョプラ）

望みはすべて実現できると信じて、チャンスの扉をくぐろう。
願うものはすべて、受けとる資格がある。

i walk through the door of opportunity knowing
that anything i want for my life is possible and
i am worthy of anything for which i ask.

i am surrounded by love. all is well

わたしは愛に包まれています
なにもかも大丈夫です
── louise l. hay（ルイーズ・L・ヘイ）

愛に包まれているから、いつも守られて安全。
人生は本当にすばらしい。

i am protected and safe as i am
surrounded by love. my life is amazing.

i practice empathic listening

"共感能力"で人の話を聞きます
— stephen r. covey (スティーブン・R・コヴィー)

愛と思いやりと理解をもって、生命あるものすべてのニーズを感じとろう。
まわりの声に耳を傾け、彼らの人生にかかわっていこう。

i practice love, compassion and
understanding and am empathetic to the
needs of all living things. i listen and engage
in the lives of those around me.

it is safe for me to speak up for myself

自分の立場をはっきり主張しても安全です
—— louise l. hay（ルイーズ・L・ヘイ）

わたしの考え方や意見は、自分にも他人にも重要。
言うべきことはちゃんと言おう。
強くて自信があって正しい人間だから。
いつでも真実を語ろう。

my thoughts and opinions matter to me and to others. i say what needs to be said as i am strong, confident and just. i speak the truth always.

i speak with integrity

つねに誠実に話します

―― don miguel ruiz (ドン・ミゲル・ルイス)

どんなときも人をほめよう。
誠実で力強い言葉を使おう。
責めたり批判したり不平を言ったりしないで、
真実と愛をベースにものを言おう。

i speak highly of others at all times and
my word has integrity and strength. i do not
condemn, criticise or complain but instead
speak from the basis of truth and love.

my talents are in demand

わたしの才能は求められています
— louise l. hay（ルイーズ・L・ヘイ）

才能も勇気も能力もあるから、いつもみんなに引っ張りだこ。
宇宙は、夢をかなえるための時間もチャンスもたっぷりくれる。

i am talented, courageous and gifted and
my skills are in demand. the universe provides
me with ample time and opportunities
to achieve my dreams.

i intend to create good luck in my life

人生に幸運をクリエイトしていきます

―― deepak chopra (ディーパック・チョプラ)

やってくるチャンスはすべて、自分が生み出したもの。
呼吸・思考・行動のひとつひとつがこの世界を創っていく。

i create every opportunity that
comes into my life. every breath, thought
and action i take creates my world.

my circumstances at home improve every day

わが家の環境は、毎日良くなっています
── louise l. hay（ルイーズ・L・ヘイ）

自宅は聖域…でも安らぎの場を喜んで分ち合おう。
平和な愛ある環境をみんなのためにクリエイトして、
その空間から流れ出すエネルギーと愛を楽しもう。

my home is my sanctuary – a sanctuary
i love to share with others. i create a peaceful
and loving environment for all and relish
in the energy and love that flows from
the space i have created.

i choose nutritious food and treasure my body

栄養ある食べ物を選び、身体を大事にします
── miranda kerr（ミランダ・カー）

わたしはだれとも違う独自の存在。
身体と心を大事にして、栄養にも気を配ろう。
そうすれば、充実した楽しい豊かな生活の追求をサポートしてくれる。

i am a unique human being. i treasure my
body and my mind and i look after it nutritiously
so that it supports me in my quest to lead a
fulfilled, fun-loving and abundant life.

my point of power is always in the present moment

パワーの核心は、つねに"今"という瞬間です
—— louise l. hay（ルイーズ・L・ヘイ）

過去にこだわらず、未来を予測しようとせず、
現在というパワフルな時を生きよう。
今、人生が与えてくれる豊かさは、現在においてパワフルに受けとめよう。

i choose powerfully to live in the present, not
concerned with the past or in trying to predict the
future. i am powerfully present to the
abundance life offers me now.

life always gets better
when i treat myself better

自分をもっと大切にすれば、人生はかならず良くなります
―― robert holden（ロバート・ホールデン）

わたしは最高のものを受けとっていい。
人に進んで与えるようなリスペクトと愛を、自分自身にも向けていこう。

i deserve the best in this world and
i treat myself with the respect and love
i willingly give to others.

i am the perfect age right now

わたしはいつもパーフェクトな年齢です
—— louise l. hay（ルイーズ・L・ヘイ）

つねに現在を生き、すべてのステップを楽しもう。
ひと呼吸ごと、一瞬ごとに、自分らしい生き方を選んでいこう。

i am in the moment and enjoying every step of
the way. i choose to live my life now in every
breath i take and in every moment.

i have the ability to accomplish any task
i set my mind to with ease and comfort

心に決めた仕事は、
かならず快適にやり遂げることができます
—— wayne w. dyer (ウェイン・W・ダイアー)

わたしには夢をかなえる能力と才能がある。
すべてが可能だと信じよう。
感謝とともに、楽にいさぎよく達成しよう。

i have the ability and talent to achieve my
dreams and i do so with gratitude, ease and
grace knowing all things are possible.

i can release the past and forgive everyone

過去を手放し、みんなを許すことができます
—— louise l. hay（ルイーズ・L・ヘイ）

不当な扱いを受けたことも、おかしてしまった過ちも手放そう。
自分も他人も許し、現在を生きながら、
ワクワクする新しいチャンスを大切にしよう。

i let go of any wrongs done to me or that i have done to others. i forgive myself and others and i live in the present moment, allowing myself to relish new and exciting opportunities.

i came here to be me

自分になるために生まれました
―― robert holden（ロバート・ホールデン）

「本物の自分」を生きることを自分に許そう。
じゅうぶんに表現して、本当のわたしを見せることを決して怖がらない。

i give myself permission to be authentic.
i am fully self-expressed and never
afraid to be who i really am.

i am in the process of positive change

わたしはポジティブな変化をとげている最中です
—— louise l. hay（ルイーズ・L・ヘイ）

たえず学んで成長し、どの瞬間も未来をクリエイトしていこう。
人生は刺激的で、無限の可能性に満ちている。

i am continually growing and learning and
i create my future in every moment. my life
is exciting and full of limitless potential.

i refuse to eat emotional poison

感情の毒は決して口に入れません

―― don miguel ruiz（ドン・ミゲル・ルイス）

わたしは満足している。
自分自身を認め、安心しよう。
ハートは正直だから、どんな批判を受けても強くいられる。

i am content. i approve and am at peace
with myself. my heart is true and i am strong
in the face of any criticism.

i forgive myself

自分自身を許します
—— louise l. hay (ルイーズ・L・ヘイ)

自分を許し、至らなかったと悔やむ気持ちは捨てていこう。
ベストを尽くしたのだから、すべてを受け入れ、
安らかな気持ちで堂々と先へ進もう。

i forgive myself and i leave behind any
feelings of not being good enough.
i move forward freely with acceptance
and peace knowing i did my best.

i no longer worry about the opinions of others

もう他人の意見を気にしません
―― brian l. weiss（ブライアン・L・ワイス）

人の意見やアドバイスに耳を傾けても、
適切かどうかは自分で判断しよう。
すべての行動、すべての選択は、
自分にふさわしいかどうかで決めていく。

i listen to the opinions or advice of others but
then i choose if it is right for me. everything i do,
every choice is made knowing it is right for me.

it's okay for me to feel my feelings

感情を味わっても大丈夫です
—— louise l. hay（ルイーズ・L・ヘイ）

どんな気持ちも、ちゃんと味わうことを自分に許そう。
感情を解放していけば、また浮かんでくる考えや気持ちとともにいられる。
人生のどんな状況にも、パワフルに正しく対処しよう。

i allow myself to experience all my feelings.
as i release emotions i give myself permission
to be with whatever thoughts and feelings arise
within me. i deal powerfully and justly
with all circumstances in my life.

*i can heal anything by
healing my beliefs first*

まず信念を癒すことで、なんでも癒していけます
—— wayne w. dyer (ウェイン・W・ダイアー)

自分と自分の能力を信じよう。
宇宙を信頼し、自分を信じれば、
無限の可能性があるのだから。

i believe in myself and my abilities.
i have unlimited potential when
i trust in the universe and believe in me.

i remember to tell my parents how much i love them

両親をどんなに愛しているか、忘れずに伝えます
—— louise l. hay（ルイーズ・L・ヘイ）

いつも両親には、どれだけ愛しているか伝えるように努力しよう。
自分と同じくらい、彼らにも愛と感謝の表現が必要なことを思い出して。

i always make the effort to tell my parents
how much i love them. i remind myself that
they need just as much love and expressions
of appreciation as i do.

i am committed to my goals.
i embrace uncertainty

目標を本気でめざします。不確実さも受け入れます

―― leon nacson（レオン・ナクソン）

障害やチャレンジに囲まれても、ごたごたを克服すれば、
かならず答えは出ると信じよう。
進むべき道もはっきり見えてくる。

when i'm surrounded by obstacles and
challenges, i know that if i arise above the
drama answers will arrive and the
way forward will be clear.

my partner is the love of my life

パートナーは生涯愛する人です
—— louise l. hay (ルイーズ・L・ヘイ)

ありのままの自分を愛してくれる人と、
誠実で親密な絆を持っていこう。
それは無条件の愛を与え合う、すばらしい関係。

i am in a loving, intimate relationship
with a person who loves me for who i am.
we give and receive unconditional love
and our relationship is wonderful.

MIRANDA'S NETWORK

『**KORA Organic Skincare**』　ミランダはオーガニック・スキンケアの専門家チームと共同で、オリジナルのスキンケア・シリーズを開発。ミランダ自身たいへん気に入り、愛用しております。KORAは、成分のクオリティをつねに最優先に考えます。

　彼女のキャリアの成功は、その肌の完璧な美しさと、世界の売れっ子スーパーモデルのひとりとして多彩な役割をはたしつつ、いつも自信に満ちていること…こうした理由によるものです。

　KORAがその自信の裏付けになっています。KORAの企業理念は、あらゆる年代の女性がミランダにならって自分の身体を大切にし、個性的な美しさを受け入れ、オーガニック・スキンケアの良さを理解できるようにお手伝いすることです。

　製品には純正エッセンシャルオイルの他、オーガニック認定を受けた植物由来の各種成分が含まれ、さらにミランダ自身がスキンケアに望むすべてのファクターを加えることで、強化されています。彼女の豊かな経験によって実証済みの"美の秘密"が、KORAシリーズにはふんだんに盛り込まれているのです。

　ミランダとKORAはともに努力して、人々の肌にポジティブで確かな変化を起こしていきます。

　「意図的に、ポジティブで愛のある言葉をKORAスキンケアのひとつひとつに加えてみました。"愛"、"平和"、"共感"、"幸福"…ポジティブな波動が流れて、使うお客様のもとへ届くように」。

　www.koraorganics.com
　オーストラリア各地のデビッド・ジョーンズ全店舗にて販売中。

『**Victoria's Secret ヴィクトリアズ・シークレット**』ミランダはこちらのモデルを数年ほど経験して、2008年からVSエンジェルになりました。それ以来、彼女にとっては"アメリカの家族"とも言えるVS撮影クルーと、定期的に世界中のエキゾチックな場所を訪れています。

「Victoria's Secret はすごい企業なんです。本当にみんなを天使みたいに扱ってくれる。こんなにインスピレーションをもらえる場所でお仕事できて、嬉しいです」。

www.victoriassecret.com

『**David Jones**』ミランダは2007年より、オーストラリアを代表する百貨店デビッド・ジョーンズの『ファッション大使』に任命されました。トップデザイナーたちと提携し、オーストラリアン・ファッションのサポートと振興を図っています。大事な役目なので年に数回は帰国して、ファッション・娯楽・レース・店内イベントなどに協力。また、やはり年に数回、DJクルーと各地でキャンペーン用の撮影をおこないます。

「デビッド・ジョーンズはオーストラリアで"第二の家族"といえる存在。こんなすばらしい企業とかかわることができて、誇りに思います。」

『**Chic Management**』ミランダは2001年にシドニーでモデルを始めて以来、シック・マネジメント（オーストラリア）に登録しています。それ以前のハイスクール時代は、ブリスベーンのジューン・ダリー・ワトキンズのところにいました。とりわけダニエル・レイジナーとウルスラ・ハフネイグルのおふたりには、オーストラリアと海外におけるキャリアの方向性について、貴重なガイダンスをいただき感謝しています。

「この業界のダイナミクスをとてもよく理解してるエージェンシーなので、本当にありがたいです。シックはわたしのキャリアを導いてくれた。ウルスラとダニエルは"オーストラリアのマネジメント・チームに欠かせない人

たち"っていうだけじゃなく、大切な友だちなんです」。
　www.chicmanagement.com.au

『IMG Global』　IMG ニューヨークと世界各地のプロ集団が、日々さまざまなオファーや仕事のチャンスを選別。グローバルに活躍するモデルとして、ミランダがキャリアをひきつづき成功させていくために、さまざまな助言を与えています。なかでも個人マネジャーのマヤ・チージーには心から感謝。（二度の妊娠出産にもかかわらず）ミランダが最前線で望むすべてを確実に達成できるよう、尽力してくれました。
　「なんて言えばいいのかな？　"ありがとう"じゃ全然足りない感じ。IMGはすばらしいグローバル・エージェンシーで、わたしは身近で一緒に働いている人たちをとても大切に思ってるんです。マヤはわたしのよりどころ。もうお姉さんみたいな存在。彼女とIMGを心から尊敬してます。」
　www.imgmodels.com

『Tahitian Noni Juice』　ミランダは12歳くらいの頃、祖父母に初めてもらってからずっと、タヒチアン・ノニ・ジュースを飲んでいます。免疫力が強くなり、エネルギーレベルが高まるのを実感できます。 うっかり日焼けしたり吹き出物や傷ができたときも、このジュースを患部に塗っています。
　抗酸化物質たっぷりのこのジュースには、お肌を若々しく元気によみがえらせる必須ビタミン類も含まれています。そのため、KORAスキンケア・シリーズにもノニの成分を含むようにしました。
　www.tahitiannoni.com.au

『わたしのチャリティ活動』
 コアラ基金：www.koalafoundation.org.au
 キッズ・ヘルプライン：www.kidshelp.com.au

About Miranda

ミランダ・カー。オーストラリア（ガネーダ）の農場育ち。雑誌のコンテスト Dolly/Impulse Modelling Competition に14歳で優勝したことがきっかけで、モデルの世界に足を踏み入れる。ハイスクール卒業後も、ひきつづき Academy of Natural Living で『栄養と健康の心理』を学んでいた。やがて、モデルを本業にしようと決心。

今日、ミランダは世界でもトップレベルの高収入を誇るモデルであり、若い女性たちにとって憧れの"お手本"的存在。10年におよぶキャリアは、注目度の高いランウェイ・ショーから、ファッションとコスメの撮影、テレビや印刷媒体の広告など多岐にわたる。またヴォーグ、GQ、ハーパーズ・バザー、ローリング・ストーン、IDをはじめ、多くの雑誌の表紙を飾ってきた。

2009年には、『KORA Organics』というオーストラリア製のオーガニック・スキンケア・シリーズをプロデュース。ねらいは世界中の女性が自分の身体を大切にし、個性的な美を受け入れ、オーガニック・スキンケアの良さを理解するようになること。インターネット販売もあり、世界各地に届けられている。

さらにミランダは、世界各地のチャリティ／福祉関係のプロジェクトに自分の時間とイメージを活用。

〈 援助している団体 〉
Kids Helpline Australia, The Art of Peace Charitable Trust,
Cancer Council, the Breast Cancer Foundation,
the Australian Koala Foundation and Children International.

Photo by Chris Colls

本書の著者は、直接的にも間接的にも医療上のアドバイスはいたしません。
また医師の助言なしには、身体・感情・医学的問題の治療方法として、どの
ようなテクニックも処方することはありません。著者の意図は、あくまでも読
者の感情的・霊的幸福の探求をお手伝いするための、一般的な情報提供です。
本書の情報をご自身のために利用される場合、それは各自の根本的権利であり、
その行動に関して著者も発行者も責任を負うものではありません。

TREASURE
YOURSELF

2011年11月　3日　初版第1刷発行
2013年 2月26日　　　第8刷発行

著者　　ミランダ・カー
訳者　　高橋裕子
発行人　石川清士
発行所　トランスメディア株式会社
印刷所　凸版印刷株式会社

編集
株式会社エルアウラ
〒106-0031
東京都港区西麻布 4-3-11 住友不動産 泉西麻布ビル 5F
TEL.03-5778-3290　FAX.03-5778-3291

発売
トランスメディア株式会社
〒153-0051
東京都目黒区上目黒 3-6-18 TY BLDG.6F
TEL.03-5721-7151　FAX.03-5721-7152

表紙 & 本文イラストレーション　ドウェイン・ラベ
デザイン & パッケージ　レット・ナクソン

TREASURE YOURSELF by Miranda Kerr
Copyright ©2010 by Miranda Kerr
Originally published in 2010 by Hay House Australia Pty.Ltd.
Japanese translation published by arrangement with
Hay House UK Ltd.through The English Agency (Japan)Ltd.
©TRANS MEDIA 2011 Printed in Japan
ISBN978-4-901929-70-7

Tune into Hay House broadcasting at : www.hayhouseradio.com

禁無断掲載・複製
落丁・乱丁の場合はお取り替え致します。